知识问不停

零基础也能趣味阅读！

你想知道的数学

东京工业大学理学部数学科教授

[日] 加藤文元 主编

常晓宏 译

人民文学出版社 天天出版社

序　言

“我想轻松学数学，就像学英语口语那样……”，恐怕有很多人都会这样想吧！

30多年前，人们认为未来的时代是说英语的时代，于是为了拾起上学时学过的英语，很多人开始学英语口语。因此，社会上开办了很多英语口语培训班，而且现在会英语口语的人也明显多了起来。

最近我们又经常听到这样一种说法：“未来的时代是数学的时代。”如今，随着科学技术的发展，AI（人工智能）迅速地改变了我们的世界和生活，渗透到社会的每一个角落。在这样的社会中生活，数学变得越来越重要，所以许多人想重新拾起上学时学过的数学。另外，有些人本来就是文科生，并不擅长数学，他们也想重新接触数学，感受数学带来的乐趣。于是社会上出现了各种面向成人的数学培训班。几十年以后，懂数学的人也会渐渐多起来。

那么所谓懂数学，指的又是什么呢？我想，其中蕴含着丰富的含义，和懂英语有异曲同工之处。这就像背了许多单词不一定就会开口说英语一样，记了许多数学公式也不一定就意味着懂数学。开口讲英语，在英语口语学习中至关重要；同样，数学也需要大量的数学实践，而且我们身边就有很多事情和数学相关。

本书介绍了很多和数学有关的内容，这些话题轻松有趣，希望广大读者能够亲身感受到数学带给我们的乐趣。这些内容都经过作者的精挑细选，为了方便读者理解，正文之外还配有大量插图，趣味横生，通俗易懂。

一书在手，相信广大读者会一步迈进广阔而深远的数学世界，享受数学带给我们的无穷乐趣。

加藤文元

东京工业大学理学部数学科教授

目 录

第4章 想要知晓的数学世界

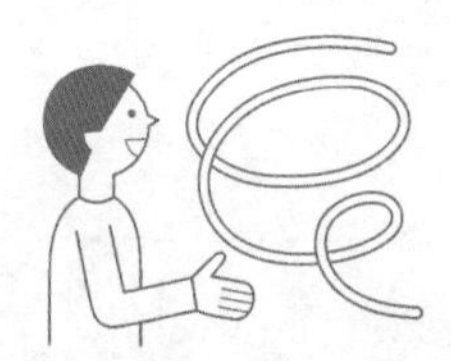

※为了通俗易懂地说明数学原理，本书的图解部分有所简化。

第 1 章

你想知道的数学常识

一提起数学，

人们的心情往往会变得很复杂，

总觉得数学很难，在数学面前畏手畏尾。

但是数学并不像人们所想的那么无趣，那么困难。

我们先看看关于数字和图形的那些有趣的故事吧！

01 [知识] 数字起源于什么时候？有哪些种类？

大约500年前阿拉伯数字就是现在这个样子。从古至今，我们都一直使用中文的大写数字。

现在，我们使用的“0、1、2、3、4……”这样的数字，叫作**阿拉伯数字**。**大约500年前，阿拉伯数字就是现在这个样子了。**阿拉伯数字里有“0”这个数字，所以计算起来才轻松简单，阿拉伯数字也因此风靡全球。那么在阿拉伯数字出现以前，古代的人们都使用哪些数字呢？

在古代，不同地域使用不同的数字。古埃及使用物品的**形状**来表现数字，个位使用棍棒，十位使用拴动物的脚链，百位使用绳子，千位使用莲花，万位使用手指（图1）。古巴比伦（今伊拉克）使用**楔形文字**，通过楔形的数量和朝向来表现数字（图2）。古希腊在数字中使用“α、β”这样的**希腊文字**（图3），而我们在表盘上看到的罗马数字，属于**罗马文字**，直到今天还在使用（图4）。

中国古代使用**汉字来表现数字**，汉语大写数字中的“百、千、万”计算起来十分方便，不管在中国还是日本，都很受欢迎。

古代各种各样的数字

▶古埃及数字（图 1）

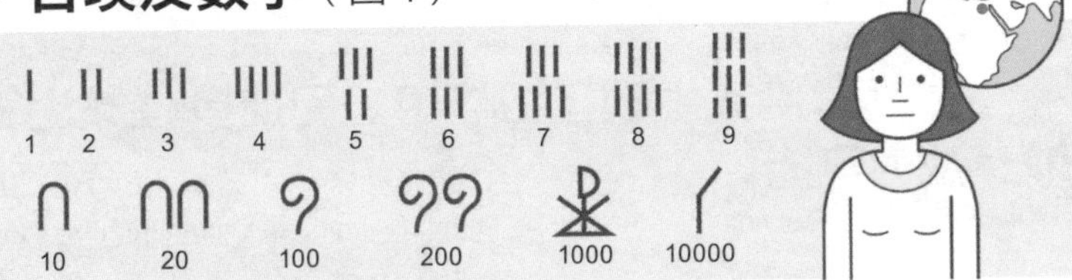

▶古巴比伦数字（图 2）

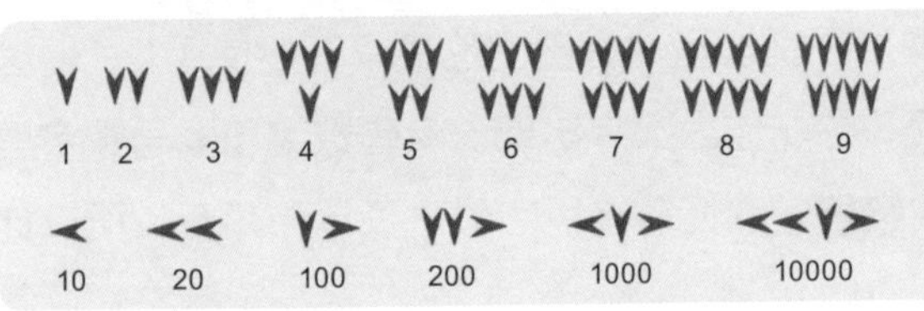

▶古希腊数字（图 3）

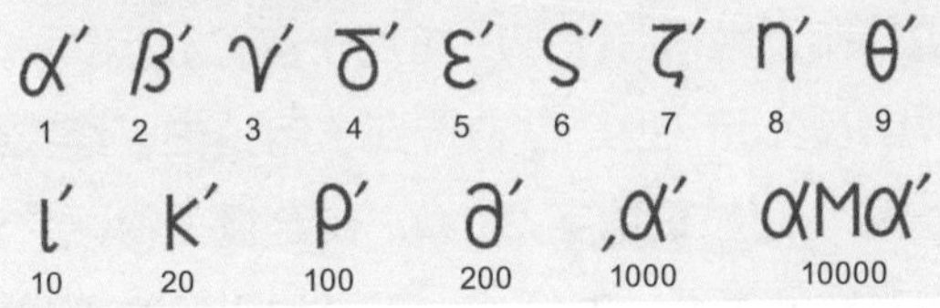

※ 希腊字母右上角加上撇号，表示该处是数字。

▶古罗马数字（图 4）

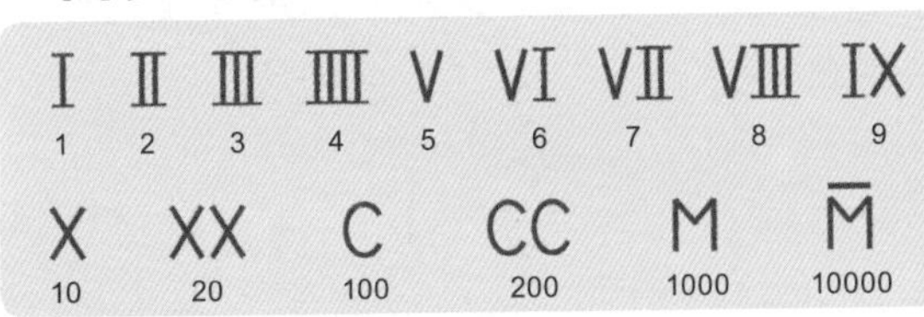

02 [知识] 从前没有 0 吗？特殊数字 0 的发现

古代印度人发现了数字 0。因此多位数运算成为可能。

可以说，**0的发现**是数学史上最重要的发现。古代数字里并没有0，因此在古巴比伦，听说为了区分28和208，要在2和8之间插入斜着的楔形图案。虽然古巴比伦最早开始使用0，但这时**0只是一种符号**，并非作为数字出现。希腊数字和罗马数字里也都没有表示**0的数字**，他们需要用字母来表示千和万，所以计算起来很不方便。

据说最早把**0作为数字来使用的是古代印度人**。**公元5世纪**左右，由于0的出现，包含0在内的各种数学运算成为可能。这种基于十进制的“**位值制记数法**”（图1），可用于多位数运算。

含有0的印度数字在公元8世纪左右传到了阿拉伯，经完善后又传到了欧洲，被称为**阿拉伯数字**（图2），在全世界得以广泛使用。0的出现不仅对数学领域，对经济、天文学以及物理学等领域的发展也都做出了很大贡献。

顺便说一下，公元纪年法中之所以没有公元0年，是欧洲在6世纪开始使用公元纪年法时，0还没有传入的缘故。

阿拉伯数字包含简单实用的 0

▶ 什么是位值制记数法？（图 1）

就是根据数字的书写位置，来决定记数单位的一种记数方法。

例 150 × 302

罗马数字

			C	L
×	C	C	C	Ⅱ

C 表示 100，L 表示 50，Ⅱ 表示 2

➡ 笔算计算困难

位值记数法（阿拉伯数字）

		1	5	0
×		3	0	2
		3	0	0
4	5	0	0	
4	5	3	0	0

数位齐全

➡ 笔算计算简单

▶ 从印度数字到阿拉伯数字的变迁（图 2）

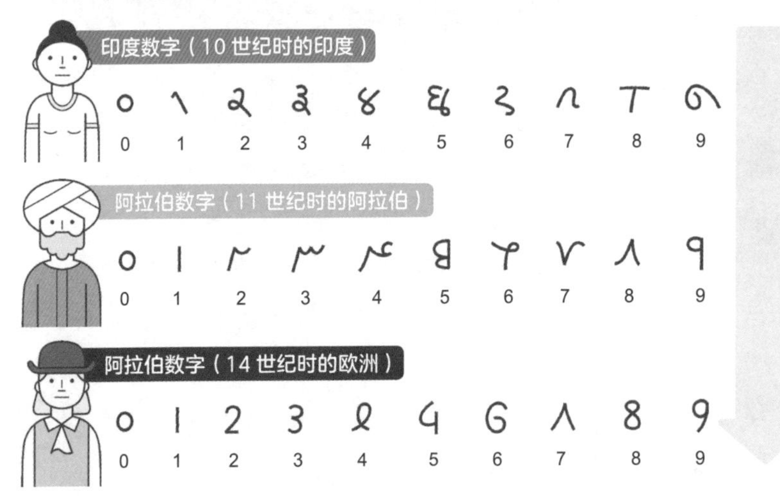

03 日本的和算是什么？

［知识］

日本独特的**古典数学**，在江户时代数学家关孝和的推动下，跃居世界领先水平！

和算又称日本古典数学，是指在日本形成的独具特色的数学。日本自古以来使用在中国诞生的**算筹**（棒状计算工具）和九九乘法表来进行数学运算。随着商业的发展，计算和数学的重要性与日俱增，因此在1600年前后，**日本出版了《算用记》**（著者不详）一书。《算用记》是日本最古老的数学书籍，书中载有除法、利息的计算方法等。

1627年，《**尘劫记**》出版，作者是吉田光由。这本书里除了九九乘法表和算盘的使用方法外，还有数学游戏以及市场交易、兑换等问题。该书图文并茂，讲解通俗易懂，畅销一时，在江户掀起了一股日本传统数学的学习热潮（图1）。

使和算达到西方数学高度的是关孝和。**关孝和**不依靠算筹和算盘进行数学运算，发明了**笔算（用纸笔计算）**，不但求出了小数点后11位的**圆周率**，还发现了数学理论上的**伯努利数**。

此后，和算多用于**历法**和**测量**，而且日本古代的数学家还把自己关于图形问题的计算方法写在一块木板上，敬献给神社或寺庙（图2）。这种做法在当时十分流行。到了明治时代，西方数学传入日本后，**和算**虽然不再占据主流，但直到今天，我们仍然会在日本课堂或考试中看到和算的影子。

和算的主要种类与关孝和

和算的主要种类（图1）

鹤龟算： 由仙鹤和乌龟的总数以及腿的总数，求出仙鹤和乌龟各自的只数（第16页）。

旅人算： 一名游客追赶另外一名游客，计算多久能追上（第96页）。

俵杉算： 求堆积成三角形的草袋总数（第120页）。

药师算： 把围棋子摆成正方形，由一边的棋子个数求所有棋子的个数（第136页）。

老鼠算： 求一定时期内增加的老鼠的数量（第196页）。

了不起的数学家！ 01

关孝和

（约1640—1708）

日本古代数学家，发明了独特的方法，能够结合数字和文字进行方程式运算。而且他还发现了后来被称为伯努利数的数列，这比瑞士数学家伯努利还要早一年。

敬献给神社或寺庙的木板（图2）

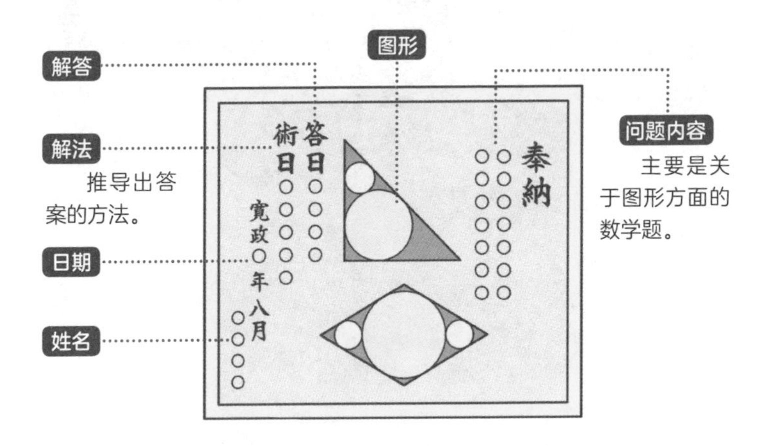

和算的解法

1

鹤龟算

仙鹤有两条腿，乌龟有四条腿，知道这两种动物腿数的总和，然后计算仙鹤和乌龟各自的数量，这就是所谓鹤龟算。中国的数学书里有“鸡兔同笼”，这一类数学题传入日本后，题里的动物在江户时代变成了令人感到吉利的仙鹤和乌龟。

问

仙鹤和乌龟一共有100只。
一共有248条腿。
那么，有几只仙鹤，几只乌龟？

要点

- 用图形来表示腿数和只数。
- 假设把100只动物的腿都变成仙鹤的腿。
- 试想乌龟的两条后腿变成了仙鹤的腿数。

解法 1 首先把100只仙鹤和乌龟，以及248条腿画成图来考虑。

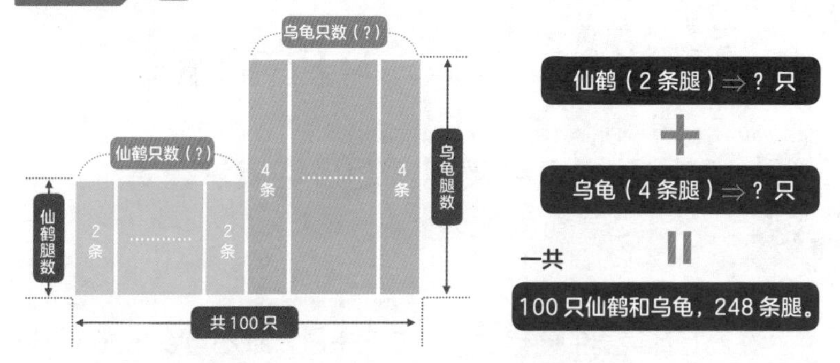

2 假设乌龟的两条后腿变成仙鹤的腿。

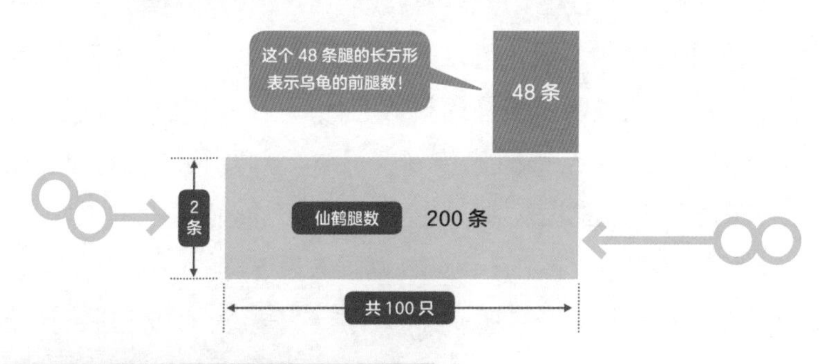

248（条）−2（条）×100（只）=48（条）

乌龟的前腿有48条

乌龟数量是48÷2=24（只）

仙鹤数量是100−24=76（只）

答 仙鹤76只
乌龟24只

其他解法

如果所有的腿都是乌龟的腿，那就是100（只）×4（条）= 400（条），从中减去248条腿，还剩下152条腿。拿152除以每只仙鹤的腿数（2条），就能得出仙鹤的数量。

04 [知识] 计算器是什么时候发明的？计算的历史和计算器

英国数学家纳皮尔发明了纳皮尔算筹，从此乘法变得简单起来！

在没有计算器的时代，人们怎么来进行乘法和除法这样复杂的运算呢？

在古代，人们使用过线算盘或沟算盘。这两种算盘是一块上面刻有线或沟的木板，可以把小石子摆在上面进行运算。在中国古代，人们发明了被称为**算筹**的计算小棒和**九九**乘法表。据说这些在飞鸟至奈良时代传到了日本。九九乘法表朗朗上口，便于记忆，从而扎根日本，成为日本贵族的必修课。

但是在欧洲似乎并不存在九九乘法表这样的口诀，欧洲人在做乘法计算时，据说是把算式拆分成若干相同的加法进行计算。顺便说一下，算盘是在16世纪后期由中国传入日本的。

17世纪，英国数学家**约翰·纳皮尔发明了一种可以轻松进行乘法计算的计算器**。因为这个计算器由最上端分别写着从0到9的十根计算棒排列而成，所以它被叫作**纳皮尔筹**。使用时，只需从左上角根据加法的结果，就可以得出答案（下图）。纳皮尔筹还可以用于除法和平方根的计算，在纳皮尔去世后又被加以改良并得到广泛使用。

纳皮尔筹和九九乘法表

▶使用纳皮尔筹的运算

计算棒上的数字是与计算棒第1行数字对应的“九九乘法表”。

段↓	0	1	2	3	4	5	6	7	8	9
0	0/0	0/0	0/0	0/0	0/0	0/0	0/0	0/0	0/0	0/0
1	0/0	0/1	0/2	0/3	0/4	0/5	0/6	0/7	0/8	0/9
2	0/0	0/2	0/4	0/6	0/8	1/0	1/2	1/4	1/6	1/8
3	0/0	0/3	0/6	0/9	1/2	1/5	1/8	2/1	2/4	2/7
4	0/0	0/4	0/8	1/2	1/6	2/0	2/4	2/8	3/2	3/6
5	0/0	0/5	1/0	1/5	2/0	2/5	3/0	3/5	4/0	4/5
6	0/0	0/6	1/2	1/8	2/4	3/0	3/6	4/2	4/8	5/4
7	0/0	0/7	1/4	2/1	2/8	3/5	4/2	4/9	5/6	6/3
8	0/0	0/8	1/6	2/4	3/2	4/0	4/8	5/6	6/4	7/2
9	0/0	0/9	1/8	2/7	3/6	4/5	5/4	6/3	7/2	8/1

例 358×47

取出3、5、8三根计算棒，把第4、7行对应的数字摆在一起。

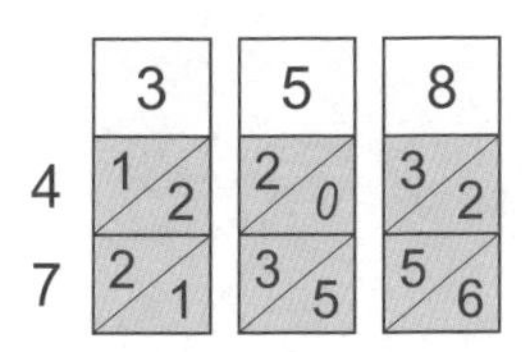

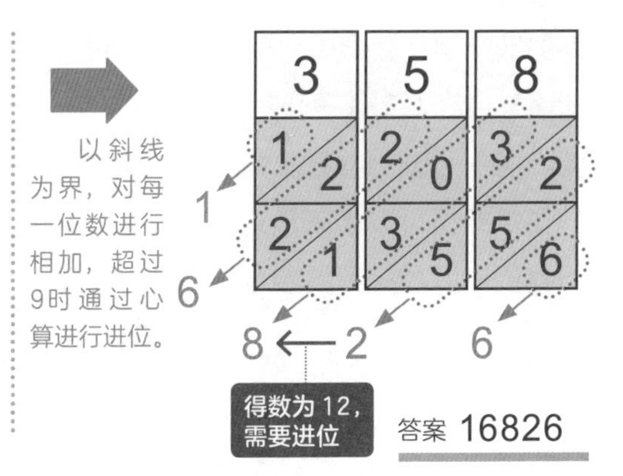

05 [知识] 计算器上的数字排列有什么意义吗？

为使用方便而决定的排列顺序。计算器的数字排列有意想不到的规律。

电子计算器于1963年在英国问世。**计算器数字按键的排列顺序和电话恰恰相反，1、2、3排在了最下面**。这有什么含义吗？据说，其实最初计算器上的数字不是这样排列的，因为很多人感觉这样排列使用起来更方便，所以才决定这样排列。虽然排列顺序是这样决定的，但这样的数字排列却有意想不到的规律。

首先，它隐藏着**2220**这个数字。比如从1开始逆时针将三位数的数字相加，也就是123+369+987+741=2220。将对角线上的数字加起来，也就是159+357+951+753=2220（图1）。

还可以利用计算器，**猜出对方选的数字**。按顺序输入除8之外的数字，也就是12345679，让对方任意选择一个个位数（比如4），把他们相乘。然后将所得到的数字49382716乘以9，就能得到所选个位数排列的数字444444444。

此外还可以用来**猜对方的生日**（图2）。由此可见，通过计算器我们可以窥探到数字意想不到的规律。

数字键盘中意想不到的规律

▶算出“2220”的加法（图 1）

逆时针 从 1 开始逆时针加。

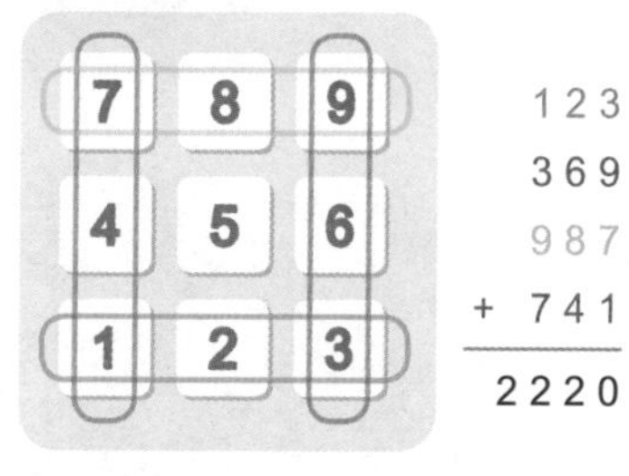

$$\begin{array}{r} 123 \\ 369 \\ 987 \\ +\ 741 \\ \hline 2220 \end{array}$$

对角线上 来回相加。

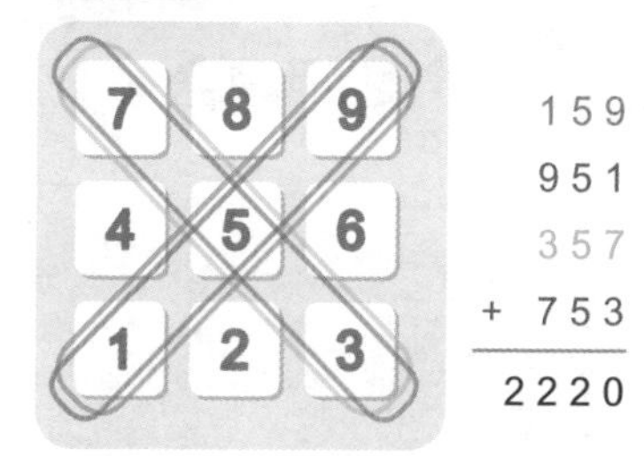

$$\begin{array}{r} 159 \\ 951 \\ 357 \\ +\ 753 \\ \hline 2220 \end{array}$$

十字 上下左右来回相加。

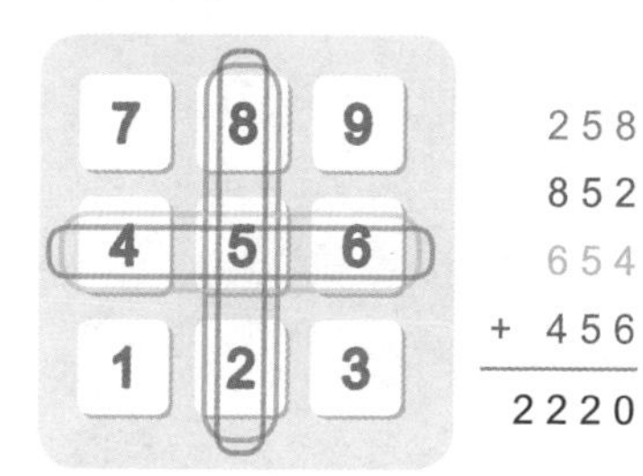

$$\begin{array}{r} 258 \\ 852 \\ 654 \\ +\ 456 \\ \hline 2220 \end{array}$$

四角 选取位于四角的4个数字，每个数字变成三位数相加。

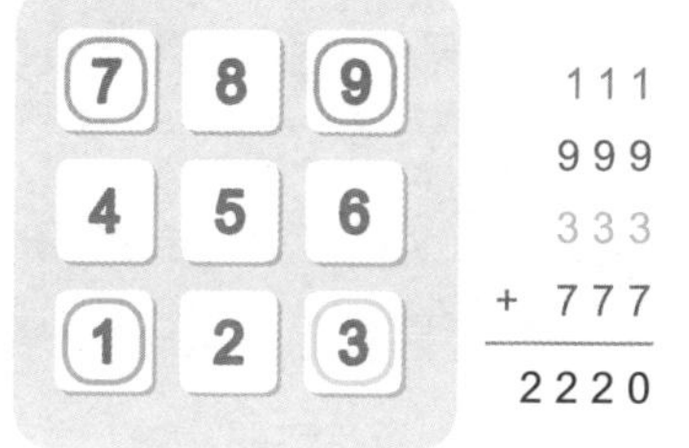

$$\begin{array}{r} 111 \\ 999 \\ 333 \\ +\ 777 \\ \hline 2220 \end{array}$$

▶用计算器猜生日的方法（图 2）

1. 把计算器给对方，让对方输入生日月份并乘以“4”。
（例如 5 月 12 日）5×4=20
2. 在得数上加上“9”，再乘以“25”。
（20+9）×25=725
3. 在得数上加上生日的日子。
725+12=737
4. 拿回计算器，在得数上减去“225”。
737-225=512 ➡ 对方的生日

06 [知识] 24小时、365天……这些历法数字有数学依据吗？

地球自转和公转周期的计算，与月亮的盈亏周期相吻合！

1天和1年的长短用数字来衡量。在确定这些历法数字时，进行了怎样的数学计算呢？

1天采用的是地球**自转**1周的时间，即24小时（86000秒）；而地球**公转周期约为365.2422天**，于是规定一年为365天。

1个月的长短与月亮的圆缺周期（**约29.53天**）基本一致，但是用29.53天乘以12个月等于354.36天，与1年的天数有偏差，所以才把2月之外的各个月调整为30天或31天。不过，即便如此还是会出现偏差，所以每4年会有1个**闰年**，在闰年加入2月29日。之所以在2月做调整，是因为在古罗马时期，1年中的最后1个月是2月。另外，由于科技进步，发现地球自转的转速也不是很均匀。为了调整这个误差，每隔几年就会增加**闰秒**。

顺便说一下，日历中隐藏着不可思议的规律。在日历中框出9天作一个正方形，把这9天的数字相加，得出的结果是正中间数字的9倍。另外，同一年的3月3日和7月7日，无论在哪一年都是相同的星期几；4月4日、6月6日和8月8日也是如此。要是不相信，就请在日历上确认一下吧！

地球的公转和自转产生了历法

地球的公转和自转（图1）

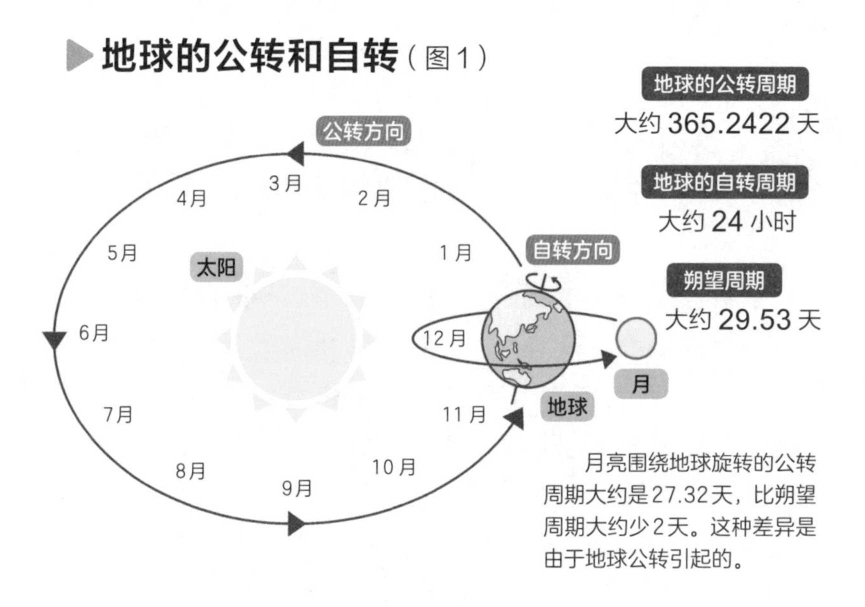

日历中隐藏的规律（图2）

用日历上9天的日期组成一个正方形，9个数字相加的结果是正中间数字的9倍。

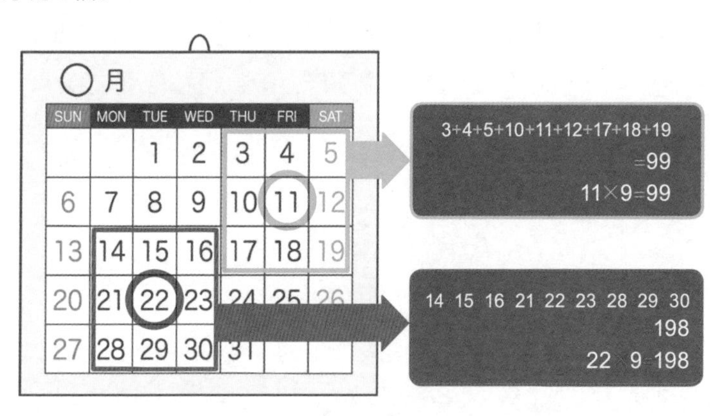

07 数学中的幻方是什么？

[数学]

各行各列及各对角线的数字之和都相等的排列叫作幻方。幻方有完全幻方和六角幻方等。

在数学界有一种排列叫作**幻方**，即在正方形的方格中填入数字，使其各行各列各对角线的数字之和均相等。

人们熟知的幻方是用3×3的九宫格制成的3阶方阵。3阶方阵除了对称的布局，基本上只有一种解法，即{**4,9,2**}{**3,5,7**}{**8,1,6**}的排列组合（图1）。另外，也有4×4制成的4阶方阵。4阶方阵有880多种排列组合。还有5阶方阵、6阶方阵、7阶方阵等数值更大的幻方，但最大能到几阶仍然是个谜。

对角线及部分平行斜线的各个数字的和均相等的幻方叫作**完全幻方**，4阶方阵的完全幻方有48种组合。另外还有一种幻方被称为六角幻方，其各横行与各斜列的数字和均为38（图2）。

自古以来人们就认为幻方蕴藏着神秘的力量，据说在16世纪的西方，人们把刻有幻方的牌子作为护身符和辟邪之物。

不管哪一列，它们的和都是同一个数字

▶ 3×3 的幻方（3 阶方阵）

（图 1）

4	9	2	→ 15
3	5	7	→ 15
8	1	6	→ 15
↓ 15	↓ 15	↓ 15	↘ 15

（对角线 ↗ 15）

各行、各列、各对角线的数字相加都等于15。

▶ 完全幻方和六角幻方（图 2）

完全幻方

不只是行、列和对角线，就连平行斜线各数字的和也都相等。

1	12	13	8
15	6	3	10
4	9	16	5
14	7	2	11

※ 颜色相同方格中的数字相加等于 34。

六角幻方

各横行、各斜列所有数字的和都是38。

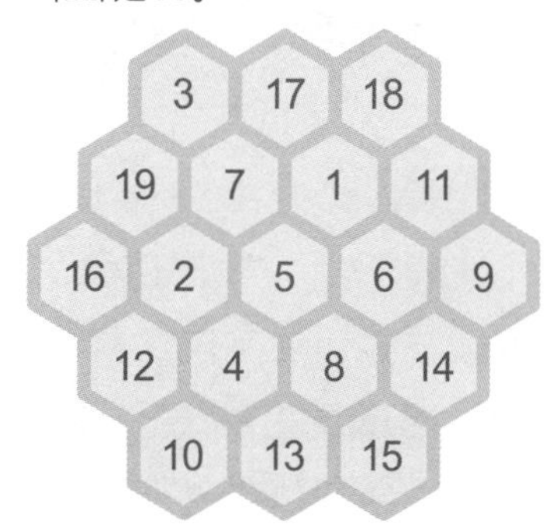

这样可以吗？
数学的选择
①

Q 一张纸对折多少次，能到达月球？

42 次 或 102 次 或 10002 次

地球到月球的距离大约是38万千米，这段距离乘坐时速300千米的新干线约需53天，每小时走4千米的话，需要走11年之久。如果把一张纸对折，再对折……那么对折多少次，它的厚度就能达到地球和月球之间的距离呢？

1969年，美国航天飞机**阿波罗11号**在人类历史上第一次成功登月。宇航员们在月球表面安放了一台**激光测距反射镜**，地球发射的激光遇到反射镜后折回，往返用时约2.52秒。光速每秒约30万千米，那么地球和月球之间的距离约为“**300000km×（2.52÷2）=378000km**”。这是人类第一次准确测量到的地月距离（由于月球围绕地球公转，月球与地球近地点和远地点的距离并不相同）。

地球距离月球如此遥远，但从理论上计算，如果存在一张无限大的纸，**不断对折下去**，总能到达月球的。为了计算方便，我们假设这张纸的厚度是0.1毫米。对折1次的厚度是0.2毫米（0.1×2），再对折1次的厚度是0.4毫米（$0.1\times2\times2$）。也就是说，**每对折1次纸的厚度就会增加1倍**。那么，对折10次会发生什么呢？计算公式是0.1×2^{10}，因为$2^{10}=1024$，那么这张纸的厚度就变成了$0.1\times1024=102.4$毫米（约10厘米）。

那么，对折20次会怎么样呢？计算公式是0.1×2^{20}，$0.1\times1024\times1024=104857.6$毫米（约105米）。

一张纸对折后的厚度比较

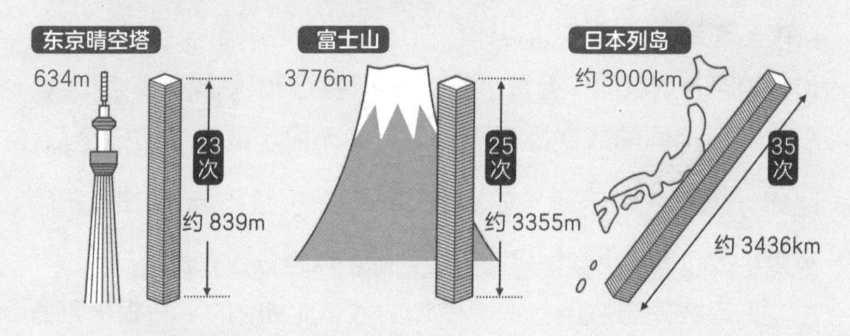

照这样计算下去，对折40次就是$\mathbf{0.1\times2^{40}}$，约11万千米。对折41次约为11万千米的二倍，约22万千米；对折42次**约为22万千米的二倍，约44万千米**。这已经超过了地球和月球之间的距离。

显然，在实际生活中是不可能把一张纸对折42次的，但是通过这个数学故事，大家是不是感到月亮离我们并不是那么遥远呢？

08 [数学] 有理数？无理数？数可以分为几类？

自然数、整数、分数、小数等是有理数，无法用分数表示的是无理数。

世界上的所有数字统称为实数，**实数**可以用来表示物体的长短重量等。实数分为**有理数**和**无理数**。

有理数包括**整数**和**分数**。整数包括自然数和−1、−2、−3等负整数。自然数是0、1、2、3等可以表示物品数量的数字。分数是把1÷3写作了$\frac{1}{3}$。小数是把超过0而未满1的部分不用分数表示而写在小数点后，比如0.2和1.25等。小数点后的数字位数如果有限就叫作**有限小数**，如果位数无限就叫作**无限小数**。小数点后相同的数字排列无限重复的无限小数叫作**循环小数**，比如$\frac{1}{3}$用小数表示就是0.33333……即小数点后3无限循环。**有限小数和循环小数都是有理数，都可以用分数来表示**。

无理数是无法用有理数表示的数，比如2的平方根（平方后是2的数）$\sqrt{2}$=1.414213……小数点后不规则的数字无限延续。这种无限延续的小数叫作**无限不循环小数**，是无法用分数表示的。只有无限不循环小数才属于无理数（下图）。最早发现无理数的是古希腊人。

关键看能否表示为分数

▶实数（有理数＋无理数）的分类方法

有理数（能用分数表示的数）

整数
自然数（正整数）1、2、3、4、5等
0→ 非自然数的整数
负整数 −1、−2、−3、−4、−5等

分数
$\frac{1}{2}$、$\frac{1}{3}$、$\frac{3}{4}$等
$-\frac{1}{2}$、$-\frac{1}{3}$、$-\frac{3}{4}$等

有限小数
有限小数 0.5（$=\frac{1}{2}$）、0.75（$=\frac{3}{4}$）等

循环小数
0.33333333……（$=\frac{1}{3}$）、
0.142857142857……（$=\frac{1}{7}$）等

$0.75=\frac{3}{4}$
$0.333\cdots=\frac{1}{3}$

无限小数
小数点后面的数字没有穷尽

$\sqrt{2}=\frac{?}{?}$

无理数（无法用分数表示的数）

无限不循环小数
$\sqrt{2}$（2的平方根，用小数表示为1.41423……）
π（圆周率，用小数表示为3.14159……）等

09 [知识] 与电脑有关的数字为什么多是 8 的倍数？

电脑只能识别 0 和 1！在二进制中，8 的倍数更好拆分。

电脑数据中常出现8bit（比特，表示信息量的单位）、16bit、32bit等8的倍数的数字。这是为什么呢？因为**电脑只能识别0和1这两个数字**。也就是说，电脑只能识别出开和关这两个电子信号。

我们日常生活中使用的是**十进制**，而只用0和1表示数字的方法叫作**二进制**。十进制中如1、2、4、8这样成倍递增的数，换算为二进制后就会变成位数的增加，即8是1000，16是10000，32是100000。因此，便于电脑识别的数字用十进制换算后就会变成8的倍数。

电脑处理的最小数据单位是1bit，**8bit被称为1Byte**（字节）。当我们在键盘上按下0至9的数字键输入数值时，所有数字都会在电脑内部转换为由0和1组成的8位数（图1），比如5表示为00000101，12表示为00001100。

不仅仅是数字，文字在电脑里也是用二进制来表示的。半角英文字母A由8位数01000001表示（图2），A这个文字包含的信息量是1Byte。

用0和1来表示的数字和文字

▶二进制和8bit的表示方法（图1）

十进制	二进制	8bit 表示
0	0	00000000
1	1	00000001
2	10	00000010
3	11	00000011
4	100	00000100
5	101	00000101
8	1000	00001000
12	1100	00001100
16	10000	00010000
32	100000	00100000
64	1000000	01000000
100	1100100	01100100
254	11111110	11111110
255	11111111	11111111

※8bit能表示的最大数字是255。

▶半角英文字母A的表示方法（图2）

在计算机世界里，每一个文字都有编号。每一个半角英文字母都要使用8bit（1Byte）信息，比如A的编号是01000001。

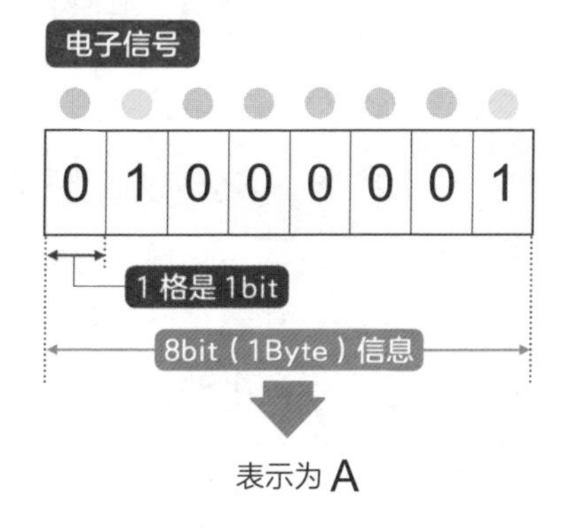

10 [数学] 表示比 1 还小的数——小数是谁发现的？

16 世纪的数学家发现了小数和小数点。分数的计算变简单了！

表示比1还小的数——**小数**是什么时候出现的呢？

最古老的小数是古巴比伦的数字标记方式，但当时还没有小数点这个概念。中国古代也使用小数，不过用的是**分、忽等文字形式**，计算起来很困难。后来，中国这种表示小数的单位还传入了日本（图1）。

16世纪，比利时数学家西蒙 · 斯蒂文在欧洲最先引入现代数学意义上的小数。当时**西蒙 · 斯蒂文**在军队里当会计，他使用分数来计算军队借款的利息，但是当分母为11或12等数字时，计算起来十分复杂。于是西蒙 · 斯蒂文试着将分数的分母表示为10、100、1000等（10的累乘）形式，发现这样便于计算。他进而想到把整数记作0，$\frac{1}{10}$、$\frac{1}{100}$、$\frac{1}{1000}$分别记作①、②、③，依此类推。这被称为**斯蒂文小数**（图2）。

大约20年后，英国数学家**约翰 · 纳皮尔**（第18页）率先提出了小数点概念。他发现，在整数和小数之间加上记号，就没有必要用①②③来标记**小数位置**。这样一来，运用小数进行计算就变得格外简单了。

16 世纪左右发现了小数

中国古代小数单位（图 1）

单位	数值
分	0.1
厘	0.01
毫	0.001
丝	0.0001
忽	0.00001
微	0.000001
纤	0.0000001
沙	0.00000001
尘	0.000000001
埃	0.0000000001
渺	0.00000000001
莫	0.000000000001
模糊	0.0000000000001
逡巡	0.00000000000001
须臾	0.000000000000001
瞬息	0.0000000000000001
弹指	0.00000000000000001
刹那	0.000000000000000001
六德	0.0000000000000000001
空虚	0.00000000000000000001

斯蒂文小数（图 2）

斯蒂文小数计数方法

例 3.141

3⓪1①4②1③

斯蒂文小数乘法运算

例 3.14 × 5.2

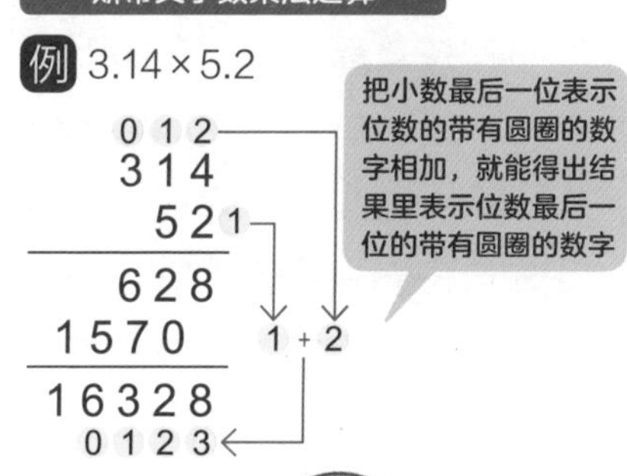

西蒙·斯蒂文

（1548—1620）

荷兰数学家，出版了《论十进》，系统论述了十进小数理论。

11 ［数学］

比千、万、亿、兆……更大的单位是什么？

可以使用京、垓、秭等特殊的数字单位！在欧美，还有古戈尔等数字单位。

有没有比亿、兆等更大的数字单位？在哪里会用到？兆之后的单位是**京**、**垓**、**秭**等单位，最大的数字单位是无量（图1）。

这些单位，除了表示地球重量等特殊情况外，平时不会使用（图2）。这些用来表示巨大数字的单位，在日本江户时代的数学家吉田光由所著的《**尘劫记**》（1627年出版）中有所记载。此外，还有人用**恒河沙**、**阿僧祇**、**那由他**等佛教经文中的用语来表示无限的数量和时间。

在数字进位上，中国和日本是每隔4位数进1级，欧美是每隔3位数进1级。例如在美国，**million（=100万）用1,000,000表示，billion（=10亿）用1,000,000,000表示**。此外，10的100次方称为古戈尔。这个单位是在1920年，由美国数学家爱德华·卡斯纳的外甥创造的，后来通过卡斯纳的著作《数学家与想象力》得以普及。值得一提的是，据说正是由于谷歌的创始人拼写错了**googol**，才有了Google这个公司名称。

葛立恒数曾经被认为是数学运算中使用过的最大的数，但是由于该数值太大了，所以在通常的数字计算中很难遇到。

表示“天文数字”的单位

日本的数字单位

（图1）

单位	数值
一	1
十	10
百	100
千	1000
万	10000
亿	10^{8}
兆	10^{12}
京	10^{16}
垓	10^{20}
秭	10^{24}
穰	10^{28}
沟	10^{32}
涧	10^{36}
正	10^{40}
载	10^{44}
极	10^{48}
恒河沙	10^{52}
阿僧祇	10^{56}
那由他	10^{60}
不可思议	10^{64}
无量	10^{68}

表示巨大数值的单位

（图2）

地球重量

约五秭九千七百二十一垓九千京 kg

构成人体的原子数量

约一千秭个

宇宙的星星数量（推算）

约四百垓个

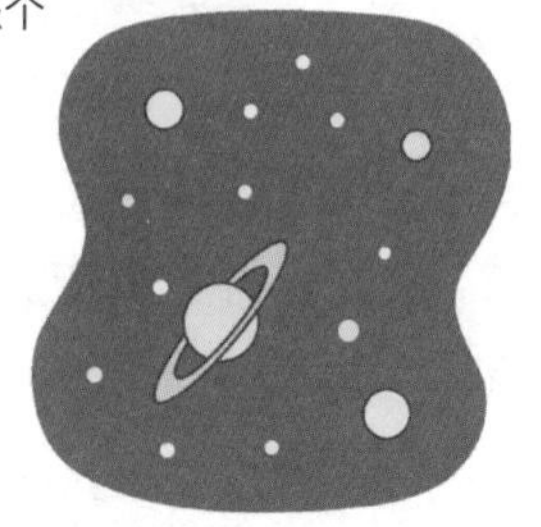

12 [数学] 完全数？亲和数？婚约数？隐藏在约数中的定律

在数学中，约数之和衍生出了完全数、亲和数、婚约数等概念。

能被某个自然数整除的数叫作约数，例如1、2、3、6这几个数字都能被6整除，

这时，6的4个约数就是1、2、3、6。

6的所有约数（除其本身）之和为6，而4的约数是1、2、4，$1+2 \neq 4$。

我们把像6这样，**除自身以外所有约数之和恰好等于其本身的数称为完全数**（图1）。最小的完全数为6。据《圣经·旧约》记载，上帝用6天创造了世界，6的下一个完全数是28，大约是月球的公转周期，6与28这两个数字彰显了数学的神奇和魅力。28之后的完全数是496，8128……，到2018年已发现了第51个完全数。由于目前已知的所有完全数均为偶数，有人提出了这样的问题："是否存在为奇数的完全数？完全数是无穷无尽的吗？"这些问题还都是未解之谜。

另外，**两个数中彼此的全部约数（除其本身外）之和与另一方相等，这样的两个数叫作亲和数**（图2）。最小的亲和数是220和284。此外，**两个数中全部约数（除1及其本身外）之和与另一方相等，这样的两个数叫作婚约数**（图3），最小的婚约数是48和75。原来，约数之间也存在着这样奇妙的定律啊。

约数相加能体现出数字的性质！

神秘的完全数（图 1）

6 的约数是 1、2、3 和 6，
6 以外的约数之和为 6，即 1+2+3=6。

已发现的最大的完全数是第 51 个完全数，
这个完全数是 110847779864……007191207936，
竟然有 49724095 位之多。

彼此的全部约数之和（本身除外）与另一方相等称为亲和数（图 2）

220 的约数中，把除 220 以外的所有约数相加……
1+2+4+5+10+11+20+22+44+55+110=284

284 的约数中，把除 284 以外的所有约数相加……
1+2+4+7+71+142=220

偶数和奇数组合起来的婚约数（图 3）

48 的约数中，把除 48 和 1 以外的所有约数相加……
2+3+4+6+8+12+16+24=75

75 的约数中，把除 75 和 1 以外的所有约数相加……
3+5+15+25=48

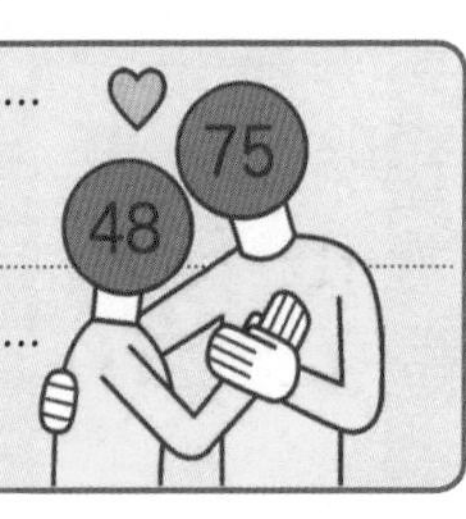

13 [数学] 谢赫拉莎德数？小町算？四则运算的奇妙法则

谢赫拉莎德数和小町算这样的四则运算，彰显了数字的神秘！

四则运算是指含有加、减、乘、除**四种基本法则的运算**。通过四则运算，让我们看看数字定律中都有哪些奇妙的特性吧！

首先介绍一下**谢赫拉莎德数**。把一个3位数重复写两次组成一个6位数，再除以1001就会得到该3位数，这就是谢赫拉莎德数的规律。比如894894除以1001，就能得到894（图2）。谢赫拉莎德是《一千零一夜》中的公主，因此谢赫拉莎德数得名于《一千零一夜》。

在1～9的各个数字间插入+、−、×、÷等运算符号，使运算结果成为100的数学谜题在日本被称为**小町算**（图2）。例如：123−45−67+89=100。这样的数式看起来就像小野小町（日本平安时代女诗人）一样漂亮，因而得名为小町算。

另外，还有一种数字叫作**走马灯数**。例如把**142857**分别乘以2、3、4，得到的结果改变了142857中几个数字的排列顺序并反复出现（图3）。此外，像5882352941176470等数也属于走马灯数。

在数学的世界里，像这样拥有如此奇妙性质的数字和规律还有很多。

四则运算中神奇的数学世界

小町算（图1）

正着算（按 1 ⇒ 9 的顺序）

123+45−67+8−9=100

123−4−5−6−7+8−9=100

123+4−5+67−89=100

1+2+3−4+5+6+78+9=100

1×2×3×4+5+6+7×8+9=100

1+2+3+4+5+6+7+8×9=100

1×2×3−4×5+6×7+8×9=100

1+2+34−5+67−8+9=100

1+23−4+5+6+78−9=100

12+3+4+5−6−7+89=100

12−3−4+5−6+7+89=100

1+23−4+56+7+8+9=100

倒着算（按 9 ⇒ 1 的顺序）

98−76+54+3+21=100

98+7−6+5−4+3−2−1=100

98+7−6×5+4×3×2+1=100

谢赫拉莎德数（图2）

写两遍894，变成894894，然后除以1001……

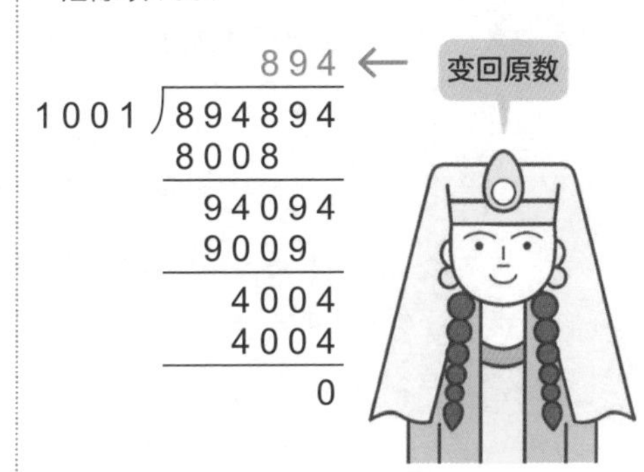

走马灯数（图3）

142857分别乘以1到6这6个数字……

142857×1=142857

142857×2=285714

142857×3=428571

142857×4=571428

142857×5=714285

142857×6=857142

同样的数字按顺序不断循环

142857乘以7……

142857×7=999999

出现了6个9

14 [知识] 米等长度单位是什么时候，由谁来确定的？

“米”这一长度单位是以地球的大小为基准，于 18 世纪末确定的。

日本古代以尺和寸等作为测量长度的单位，而现在许多国家都使用**米（m）和 厘米（cm）**作为长度单位。那么这些单位是谁，在什么时候确定的呢？

世界各地的长度单位原本千差万别，所以在贸易时很不方便。18世纪末法国大革命爆发时，法国政治家塔列朗呼吁重新制定统一的单位。经过反复讨论，法国决定把**从北极点到赤道距离的一千万分之一定为1米**。此后又花了6年时间，测量了法国北岸敦刻尔克到西班牙巴塞罗那之间的距离，根据测量结果计算出赤道到北极点的距离，最终确定了1米的长度。顺便说一下，这样测量出的**地球周长大约是4万千米**（图1）。

法国制作了一把1米长的金属尺——**米原器**，把它作为计量标准。大约100年后，为了统一国际计量单位，米制公约诞生了。后来，由于金属容易发生变化，1983年改为采用**光速**作为计量标准（图2）。

作为长度标准的米

确定 1 米长度的方法（图 1）

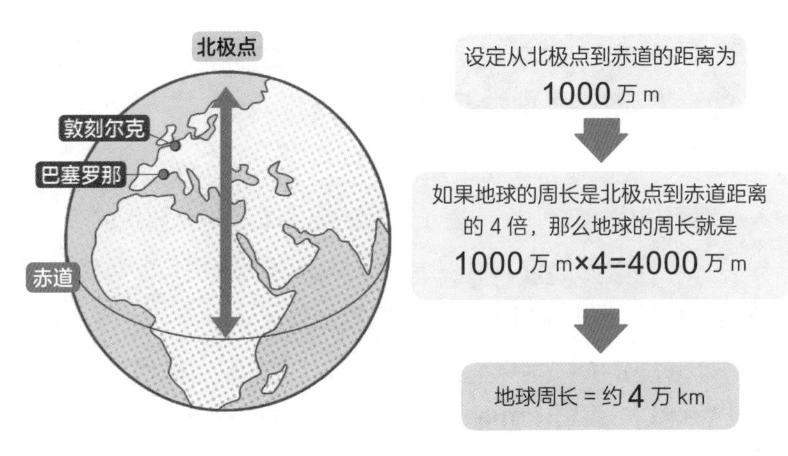

※ 赤道的真实长度是 40075km，经过北极点和南极点的地球周长是 40005km。

米原器的历史（图 2）

1799年，根据测量结果，制成了第一把米原器，形状是板状。后来根据国际会议，1879年制造出了白金和铱金混合材质的国际米原器。

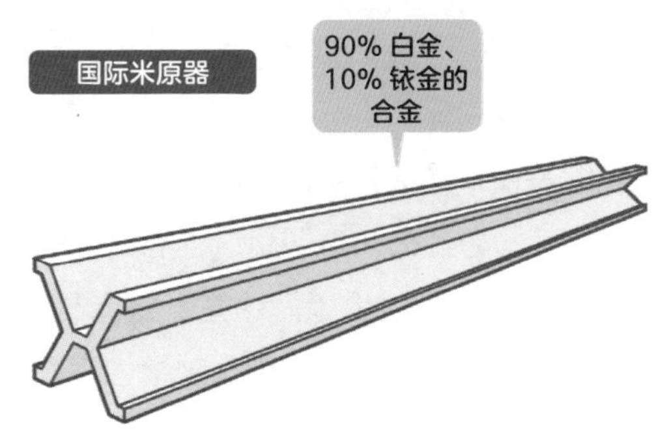

1983 年，1 米的标准长度是光在真空中行进两亿九千九百七十九万两千四百五十八分之一秒的距离

15 [知识] 英寸、英尺、英里……美国人讨厌米制单位吗？

英寸、英尺被广泛应用于美国人的生活中，不可能再发生改变。

表示长度的米（m）、表示质量的克（g）、表示体积的升（l）等单位叫作**公制单位**。世界上大多数国家都采用公制单位，**只有利比里亚、缅甸和美国这三个国家例外**。

在美国，表示长度的单位有**英寸（inch）**、**英尺（feet）**、**码（yard）**、**英里（mile）**等。码常用于高尔夫，英里在美国超级棒球联赛中表示球速，所以应该有很多人都听说过。这些单位最早是以手指的宽度、脚的长度以及手臂的长度为基准制定的（下图）。

另外，重量单位**磅（pound）**在日本用来计量拳击选手的体重，但美国人在日常生活中也会使用。1磅相当于7000粒大麦的重量，是1个人1天的食用量，用符号lb来表示。

美国为什么一直使用这样的计量单位呢？原因众说纷纭，不过最大的可能就是因为这些计量单位已经走进了美国人的日常生活，现在已经很难改用米制单位了。

以手脚作为基准的长度单位

长度、质量单位及其由来

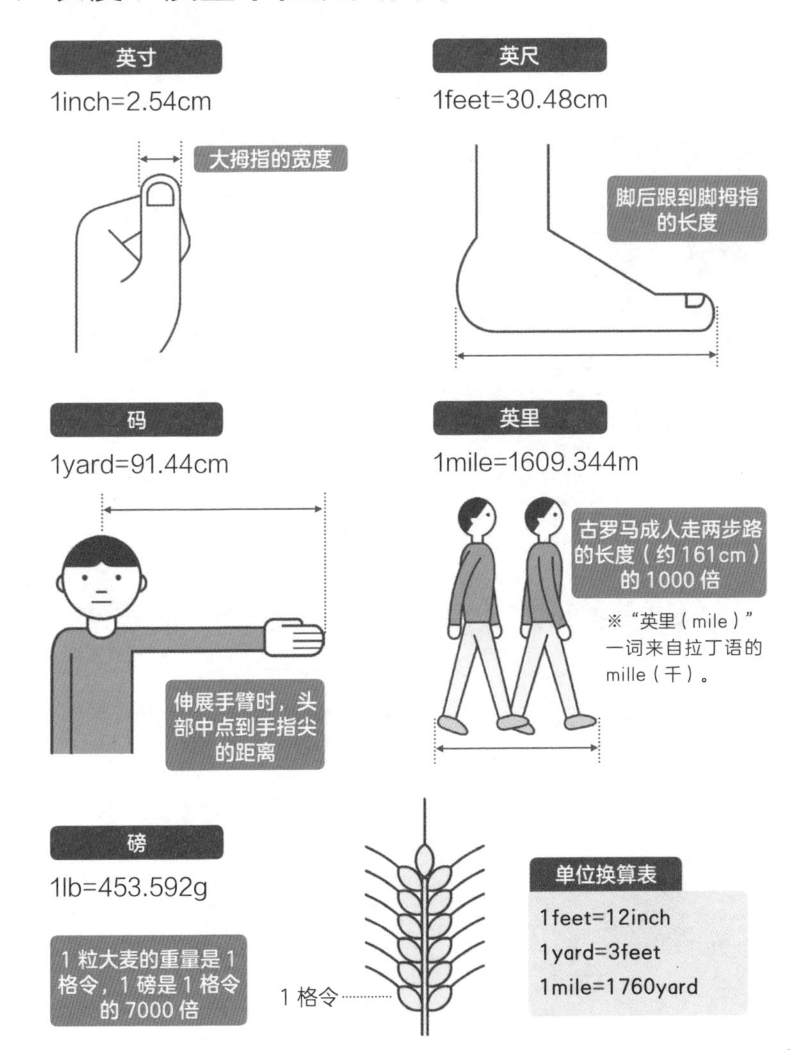

考一考，问一问！

数学谜题 1

用一根距离地面1米的绳子围绕地球1圈，这根绳子会有多长？

数学理论能给人带来理性思考，这道著名的数学题是英国数学家威廉·惠斯顿在1702年提出来的。

1 假设存在1根能够环绕地球赤道1圈的绳子。

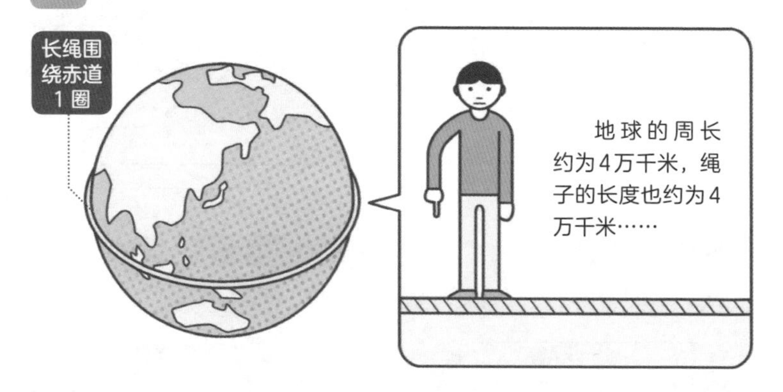

2 要想使绳子离开地面1米，那么需要把绳子加长多少米？

答案和解析

地球的周长约为4万千米，地球的半径大约是6350千米。如果绳子离开地面1米，那么绕地球1周需要多长呢？

为了方便计算，我们假设地球的半径是R米。这时，地球的直径是R + R = 2R。求圆的周长可以用直径 × π，那么计算绳子长度（地球周长）的公式就是2R × π = 2Rπ。

绳子长度的计算方法

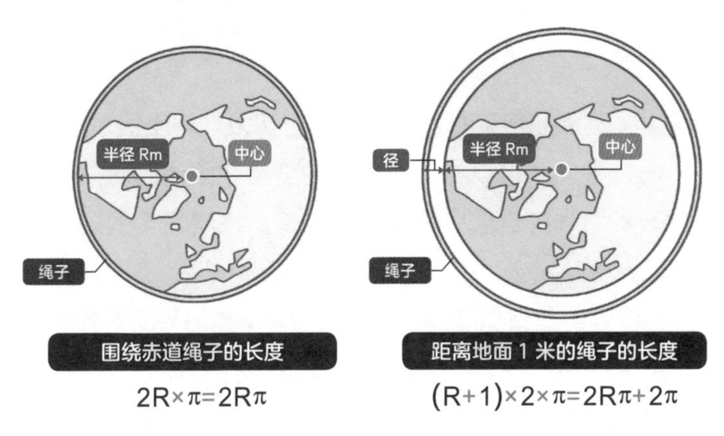

围绕赤道绳子的长度

$2R\times\pi=2R\pi$

距离地面 1 米的绳子的长度

$(R+1)\times2\times\pi=2R\pi+2\pi$

当距离地面1米时，绳子所围成的圆的半径是**（R+1）米**。这时绳子所围成的圆的直径是（R+1）×2=2R+2，绳子的长度（距地面1米的圆周）就是**（2R+2）×π=2Rπ+2π**。也就是说，绳子距离地面1米时需要增加的长度是（2Rπ+2π）－2Rπ=2π（米）。由于π约为3.14，所以绳子再**加长6.3米**就足够了。

16 [数学] 如何计算偏差值，偏差值代表着什么？

**偏差值代表着自己在某个群体中的学习实力！
是在显示数据偏差的标准偏差中求得的！**

在日本的全国模拟考试成绩单中，会有一项数据叫作**偏差值**。分数不高，可能偏差值高；相反，分数高也可能偏差值不高。那么，应该怎样计算偏差值呢？偏差值到底代表着什么呢？

偏差值是指**自己在某个群体中的学习实力**。偏差值50表示平均数，通过平均数可以看出有多大的差距。因此即使分数相同，在学习实力强的群体中偏差值会下降，在学习实力弱的群体中偏差值会上升。

要计算偏差值，首先需要计算平均值。平均值是所有考生的总分除以考生人数得来的。然后，需要计算**标准偏差**，**标准偏差是显示数据偏差情况的一个指标**。从偏差（各分数和平均数的差）当中求得方差（偏差平方的平均值），然后计算方差的平方根。只要计算出标准偏差值，就能够得出偏差值了（下图）。

考生得分集中在平均值附近，标准偏差值就会变小。如果得分比较分散的话，标准偏差值就会变大。考生人数很少，或者考生之间水平差距很大时，偏差值就不太可靠了。**只有在和自己学习实力相当的群体中参加考试，偏差值才会成为一个有参考性的指标**。

从标准偏差中求偏差值

偏差值的求法

假设A、B、C、D、E这5个人参加考试。

Ⓐ 80分

Ⓑ 70分

Ⓒ 60分

Ⓓ 50分

Ⓔ 40分

1 求5个人的平均分

80+70+60+50+40=300

300÷5=60分

2 求偏差（各分数和平均分数的差）与偏差的平方

	偏差	偏差的平方
Ⓐ	80－60=20	400
Ⓑ	70－60=10	100
Ⓒ	60－60=0	0
Ⓓ	50－60=-10	100
Ⓔ	40－60=-20	400

3 求方差（偏差平方的平均值）

(400+100+0+100+400）÷5

=200

4 计算方差的平方根，求标准方差

$\sqrt{200}=14.1421\cdots\cdots$

↓

标准偏差是 14.14

5 求偏差值

$$偏差值=\frac{分数-平均分数}{标准偏差}\times10+50$$

Ⓐ $\frac{80-60}{14.14}\times10+50=64.1$

Ⓑ $\frac{70-60}{14.14}\times10+50=57.1$

Ⓒ $\frac{60-60}{14.14}\times10+50=50$

Ⓓ $\frac{50-60}{14.14}\times10+50=42.9$

Ⓔ $\frac{40-60}{14.14}\times10+50=35.9$

17 [图形] 平直的线也分很多种？直线和图形的概念

原来如此！

平直的线可分为直线、射线和线段。多条直线相交产生图形。

在生活中，直线就是笔直的线，那么在数学层面上有什么规定吗？被称为几何之父的古希腊数学家欧几里得著有《**几何原本**》，书中对直线的定义是："**线的长度是无限的，线的尽头是点。**"也就是说，铅笔和钢笔画出的线虽然有尽头，但在欧几里得的定义中，线和点都是无限的。

在欧几里得成体系的"**欧几里得几何**"中，无限延伸的线叫作**直线**，只有一个端点、可以向另一端无限延伸的线叫作**射线**，有两个端点的直线叫作**线段**（图1）。在同一个平面上，没有任何交点的两条（及其以上）直线，叫作**平行线**。

两条不平行的直线必定会相交。两条直线相交的点叫作交点。两条直线相交，会得到四个角。在这里形成的角，具有一些规律（图2），并且，由多条直线相交形成的图形叫作**多边形**，由三条非平行直线相交形成的多边形叫作**三角形**。就像这样，从直线的概念中能够产生各种各样的图形。

直线的种类和平行线构成的角

▶直线、射线、线段图示（图1）

直线

无限延伸的笔直的线。

射线

只有一个端点，可以向另一端无限延伸的笔直的线。

线段

有两个端点的笔直的线。

▶平行线和同位角、内错角、对顶角（图2）

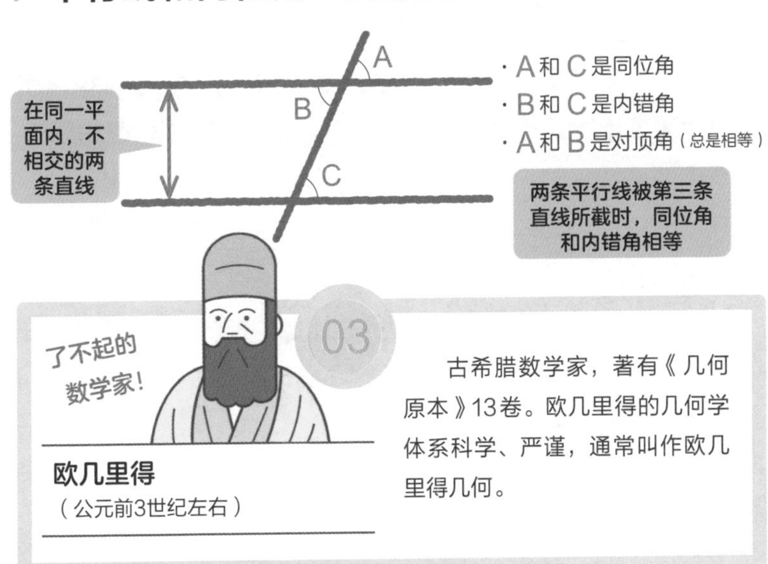

欧几里得

（公元前3世纪左右）

古希腊数学家，著有《几何原本》13卷。欧几里得的几何学体系科学、严谨，通常叫作欧几里得几何。

18 [图形] 三角形、四边形、圆的特征和面积的求法

三角形和四边形分为很多种，但是圆全都是同样的形状，直径和周长的比例不变。

直线相交构成很多种三角形和四边形，让我们看一下它们各自的特征吧。三角形根据三角形的角（内角）和边长分为正三角形、直角三角形和等腰三角形。四边形分为正方形、长方形、梯形和菱形。因为四边形沿对角线可以分割成两个三角形，所以**四边形的内角和是360度**（三角形内角和180度×2）。三角形的面积全部由“**底边×高÷2**”求得，但是四边形面积的计算方法因分类不同而有差异（图1）。

另外，**圆**在数学当中是如何被定义的呢？**在同一平面内到定点的距离等于定长的点的集合叫作圆，这个定点叫作圆的圆心**。形成圆的曲线（圆形一周的长度）叫作圆的**周长**，连接圆上两点并且通过圆心的线段叫作**直径**，连接圆心和圆上任意一点的线段叫作**半径**（图2）。

顺便说一下，**圆的周长与直径的比值叫作圆周率**，圆周率的值是3.1415……小数点之后是无限不循环小数，称为**无理数**（第28页），用符号π来表示。

三角形、四边形和圆的基础知识

三角形和四边形的主要种类（图 1）

三角形 求面积公式都是 **底边 × 高 ÷2** 。

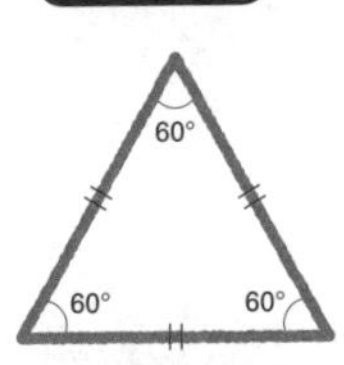

等边三角形
3 边长均相等。

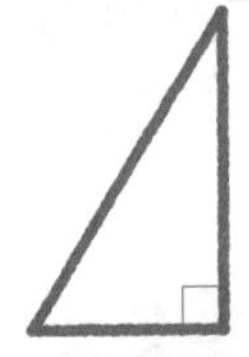

直角三角形
有 1 个角为直角（90°）。

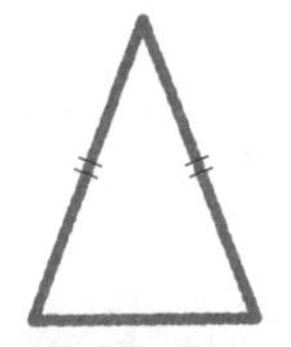

等腰三角形
有 2 条边相等。

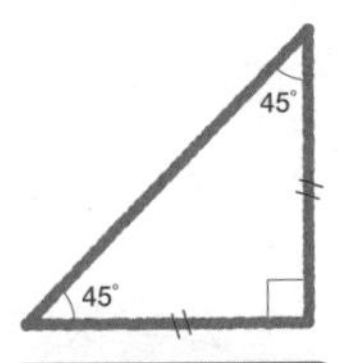

等腰直角三角形
1 个角是直角，2 条直角边相等。

四边形 求面积公式各有不同。

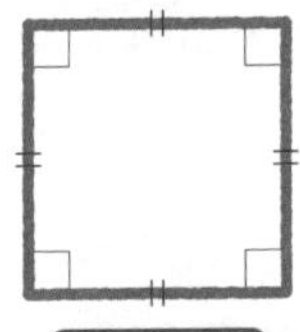

正方形
4 条边都相等，4 个角都是直角。
边长 × 边长

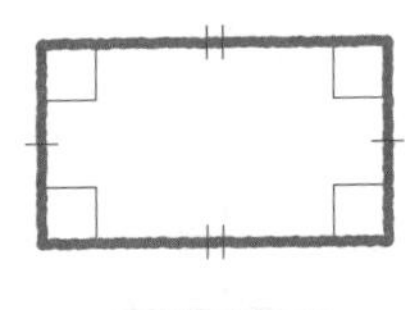

长方形
4 个角都是直角的平行四边形，对边长度相等。
长 × 宽

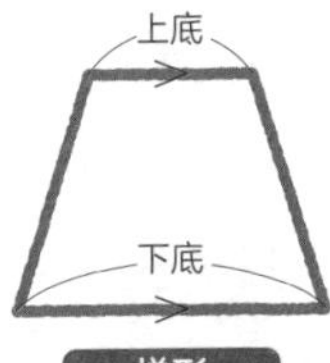

梯形
1 组对边平行，另 1 组对边不平行的四边形。
（上底 + 下底）× 高 ÷2

菱形
4 条边相等，对边平行。
对角线 × 对角线 ÷2

圆的基本特征和公式（图 2）

圆周率（π）= 3.1415926……

圆的周长 = 直径 ×π

圆的面积 = 半径 × 半径 ×π

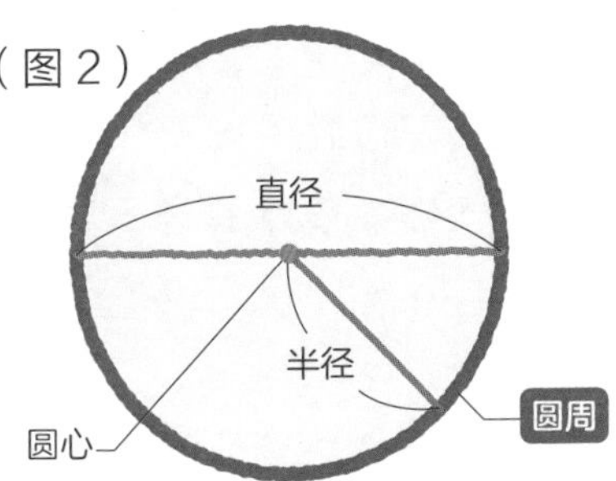

19 三角形的求法是什么时候出现的？

[图形]

古埃及、古巴比伦人都知道直角三角形的边长比例！

古埃及的测量技术和几何学十分发达，这是为什么呢？据说由于每年春天尼罗河河水泛滥，导致农田被淹没，田地的所有人无法辨明土地的界限，因此每年都需要对农田进行区划调整。

古埃及的测量技术者们被称为**结绳师**，他们用绳子测量土地的长度和面积。结绳师通过制作**边长为3:4:5的三角形**，知道这样可以构成**直角三角形**（图1）。此后，他们利用直角三角形和长方形面积的计算方法，能够对洪水泛滥后的农田进行正确规划。

古巴比伦（今伊拉克）的数学也很发达。在巴比伦南部的**巴比伦尼亚**，发现了刻有二次方程式解法的泥板。这种计算方法通过楔形文字来表达，十分先进。在被称为"**普林斯顿322号**"的泥板上，刻着"120·119·169""3456·3367·4825"等许多**直角三角形的边长比例**（图2）。

就这样，关于直角三角形的研究，在古代就达到了很高的水平。

研究历史悠久的直角三角形

结绳师的测量方法（图1）

1 在1根绳子上打12个结，结与结的间隔距离相等。

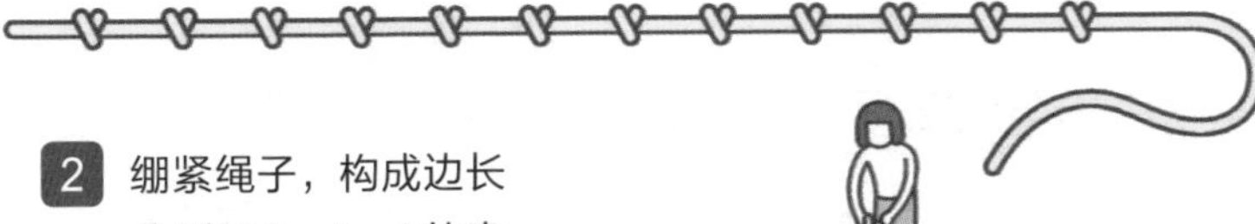

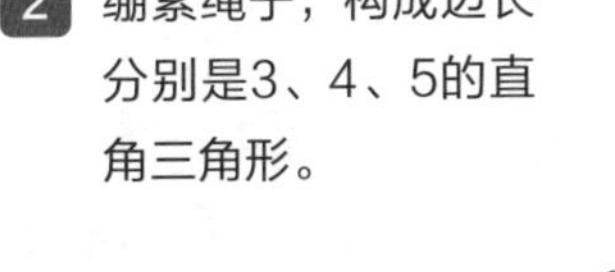

2 绷紧绳子，构成边长分别是3、4、5的直角三角形。

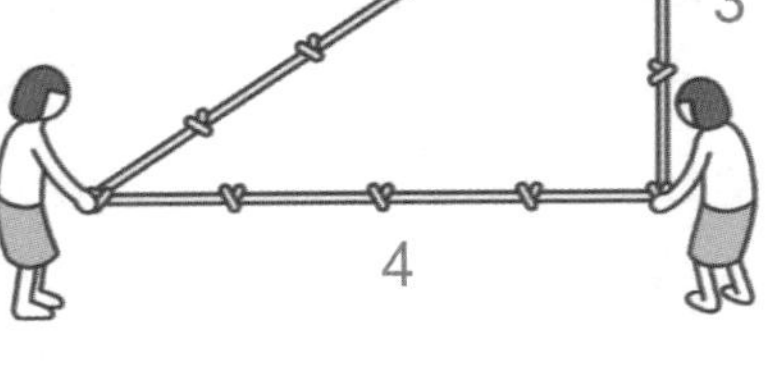

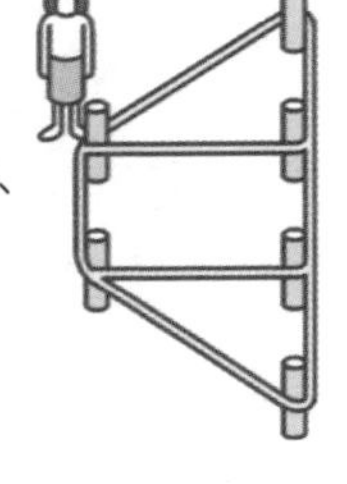

结绳师组合使用长方形、直角三角形等进行测量。

普林斯顿 322 号（图2）

黏土板上刻着具有数字意义的楔形文字，用来表示直角三角形的边长比例。近些年来，也有人说这是一道计算题。

20 [图形] 什么是勾股定理？定理又是什么？

勾股定理是有关直角三角形的定理。定理是指由公理和定义推导得出的结论。

著名的**勾股定理**又称**毕达哥拉斯定理**。那么究竟什么是**定理**?

数学意义上的定理是指由**公理和定义推导而得出的结论**。公理是指每个人都可以理解的大前提，例如“**同一平面上经过不同的两点有且只有一条直线**”；定义是指**对术语的意思做出的明确描述**，例如直角三角形的定义是“有一个内角是直角的三角形”。而根据确定的事实以判明定理的正确性，叫作**证明**。可能是事实，但还没有被证明的**命题**（有待检验真伪的判断或公式）并不是定理，而是**猜想**。

在中国，周朝的商高提出了勾股定理这一特例；在西方，古希腊数学家**毕达哥拉斯**最早提出并证明此定理。该定理是**直角三角形的定理**之一，该定理为：当斜边的长度为c，其余两边的长度分别为a、b时，“$a^2+b^2=c^2$”等式成立（图1）。

另外，勾股定理共有200种以上的证明方法（图2）。

基本定理和证明

毕达哥拉斯定理（图 1）

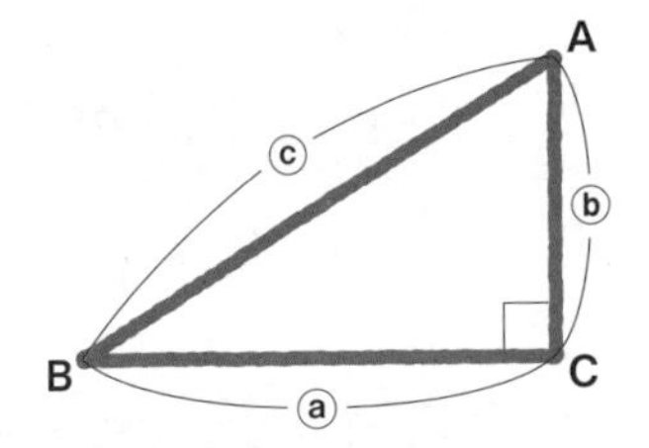

在内角 C 为 90° 的直角三角形中

$a^2+b^2=c^2$

毕达哥拉斯

（约公元前570—约公元前496）

古希腊数学家，主张“数是宇宙万物的本源”，创建了学术团体毕达哥拉斯学派。

毕达哥拉斯定理证明之一（图 2）

如下图所示，4个直角三角形组合在一起构成了1个正方形。在边长为a + b的正方形中，能形成边长为c的正方形。

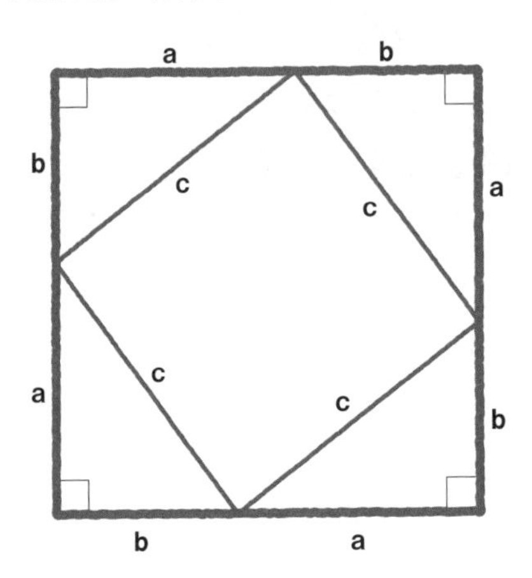

边长为a+b的正方形的面积公式是

$(a+b)\times(a+b)=a^2+2ab+b^2$

求边长为c的正方形的面积和4个直角三角形的面积和。

$c^2+(a\times b\div 2)\times 4=c^2+2ab$

两者面积相等

$a^2+2ab+b^2=c^2+2ab$

$a^2+b^2=c^2$

21 [图形] 阿基米德设计的十四巧板是什么？

十四巧板是由 14 个形状固定的**多边形板块**组合成的一个**正方形的拼图**。

古希腊数学家**阿基米德**除了数学外，还精通物理学和天文学等学科。由这位数学史上的大天才设计的拼图正是**十四巧板**。

十四巧板是从现存唯一收录了阿基米德著作的手抄本中译解出来的。十四巧板（stomachion）可译为“腹痛”，以此命名是因为十四巧板是“难到让人肚子疼的拼图”。十四巧板由形状固定的**14 个多边形组成**，它们是从12×12的正方形中切割出来的（下图）。阿基米德将这14个多边形排列组合，尝试找出还原正方形的所有方案。古代数学还没有出现**组合学**，因此阿基米德也是该领域的先驱者。

阿基米德提出这个问题后，大约过了2200年，即2003年，这个问题的答案终于被找到。通过计算机的计算，得知共有**17152种**方式，除去其中**对称的方案，还有536种**。大家可以试着挑战一下十四巧板，或许就能体会到阿基米德的伟大之处。

阿基米德的十四巧板

由形状固定的14个多边形组成，它们是从12×12的正方形中切割出来的。

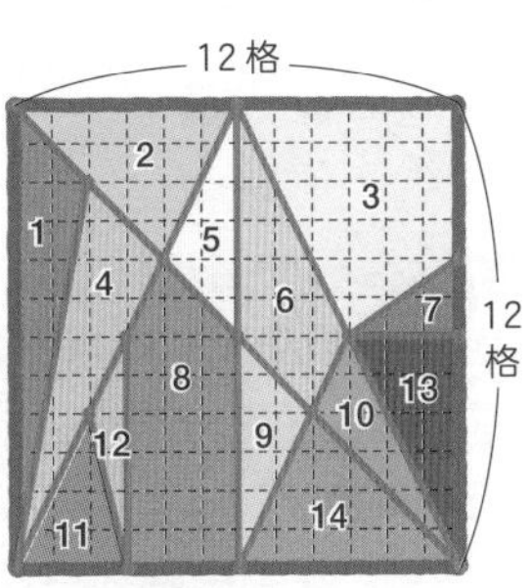

这就是十四巧板

这些是正确答案的例子，竟然一共有17152种正确答案

正确答案

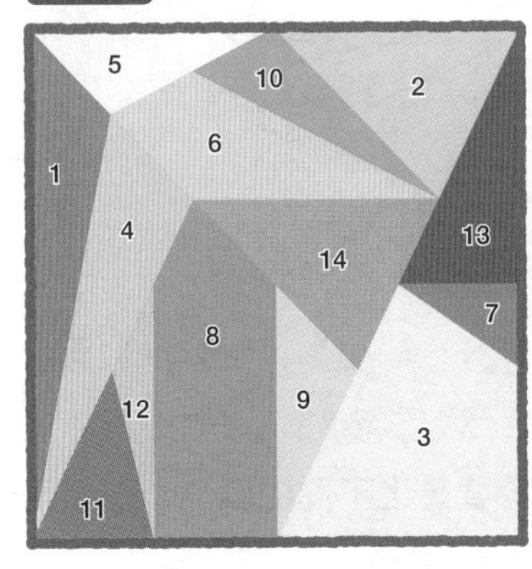

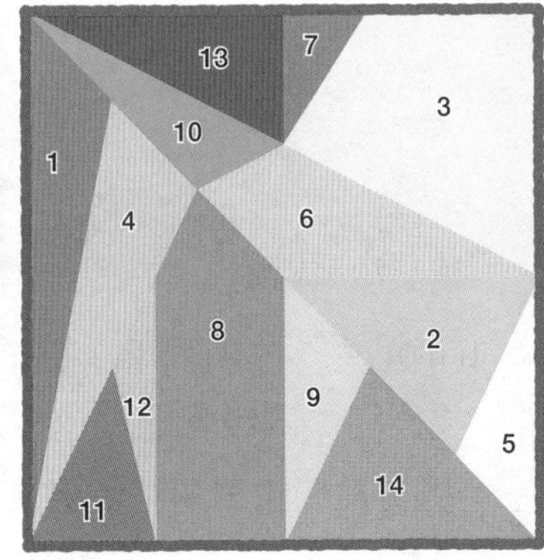

这样可以吗？
数学的选择
②

Q 给地图着色时，最少需要几种颜色？

2种 或 3种 或 4种 或 5种

在一张没有着色的世界地图上，只有给相邻的国家或地区着上不同的颜色，才能区别开来。那么，不管是什么地图，为了区分不同区域，至少需要着几种颜色呢？

其实很早以前，在人们制作地图时，这个问题就让人烦恼不已。1852年，英国学生弗朗西斯·格斯里为英国分郡地图着色时，提出了“**四色问题**”这个近代数学难题。地图的着色规则是:“**具有共同边界的相邻区域需要着上不同的颜色，如果两个区域只相遇于一点则可以使用相同的颜色。**”

这里，我们来考虑一下四色问题。比如某个区域和其他几个不同区域相邻时，如果相邻区域的数量是偶数，着3种颜色就可以区分，但是相邻区域的数量是奇数时，最少需要着4种颜色。

相邻区域为偶数或奇数时的着色方法

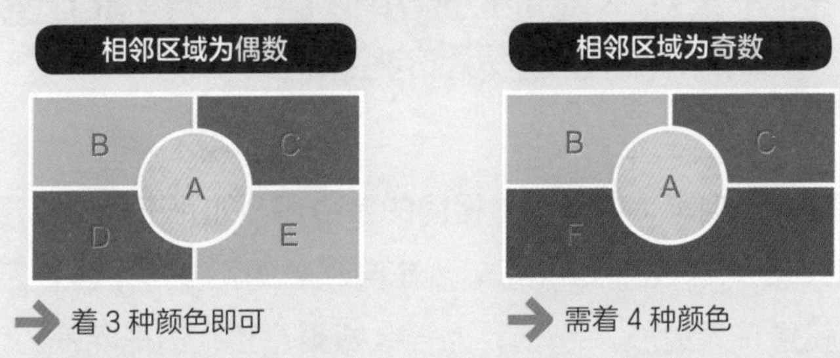

不管在什么情况下，只要有4种颜色，就能区分地图上的不同区域。如何在数学领域对这个说法给出有力证明，一时竟成为难题。许多数学家对如何证明四色问题发起了挑战，但都以失败而告终。1976年，数学家阿佩尔与哈肯利用电子计算机找到了2000种可能类型，终于证明了四色定理。四色问题奇迹般地变成了四色定理，也就是说，**为了区别所有平面地图中的相邻区域，着色时有4种颜色就足够了**。

据说，听到“4种颜色”这个答案竟然是靠计算机证明出来的，许多数学家很不甘心，因为这并非传统数学的计算方法。

22 为什么蜂巢的形状是正六边形？

［图形］

原来如此！

因为蜜蜂本能地以最小限度的材料和力量，最大限度地营造宽敞的空间！

所有边长相等、内角大小相同的多边形，**如正三角形或正方形等称为正多边形**。众所周知，在自然界的正多边形里，**蜜蜂的蜂巢就是正六边形**。那么，为什么蜂巢是正六边形呢？

就像把瓷砖铺在地板上一样，如果想在平面上无缝隙地填满一个正多边形，能达到要求的只有3种形状：**正三角形**、**正方形**、**正六角形**。为了填满平面，正多边形的内角和必须是360度（图1）。另外，为得到1平方厘米面积，所需的外周长度正三角形约为4.5厘米，正方形为4厘米，正六边形约为3.72厘米。也就是说，在这3种多边形中，**能够用最短的外周形成最大面积的是正六边形**。

蜂巢的材料是蜜蜂分泌的蜜蜡，但是蜜蜡的分泌量很少，因此筑巢工作也很辛苦。为了制造尽可能大的蜂巢，蜜蜂以最小限度的材料和劳动力，把蜂巢的形状筑成了正六边形。

正六边形紧密排列的构造被称为蜂窝结构，仅用少量材料就可以保持强度，所以能在很多产品中得以应用（图2）。蜂窝就是蜜蜂的蜂巢的意思。

填满平面的正多边形

平面上毫无间隙地铺满了正多边形（图1）

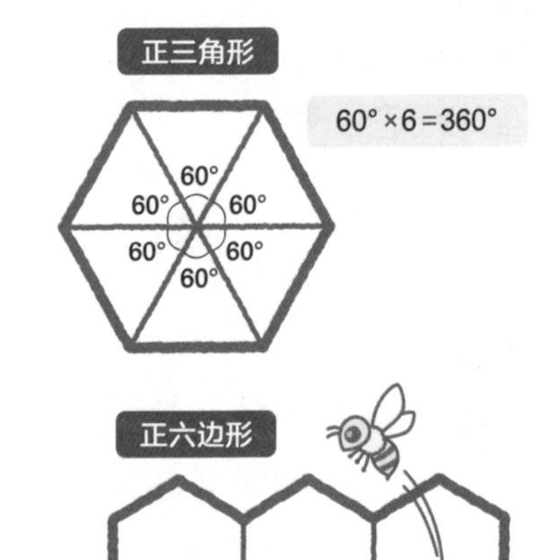

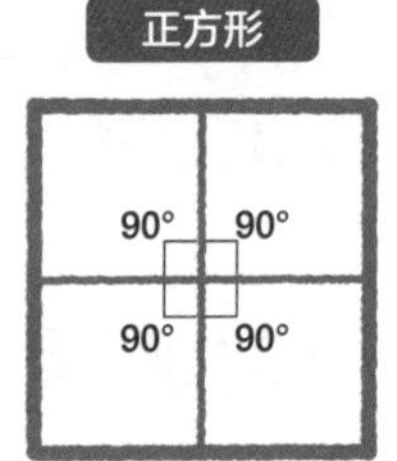

120°×3=360°

正六边形的内角大小是120°，用大于120°的角组成360°的话，只能使用两个180°的角，但内角大小为180°的正多边形是不存在的，因为180°的角就是一条直线。

采用蜂窝结构的产品（图2）

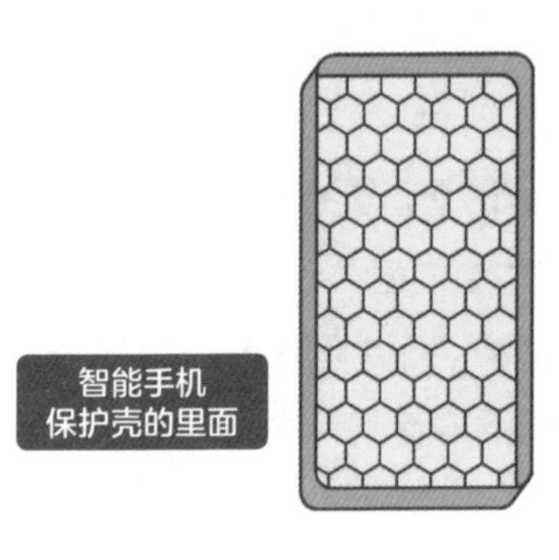

23 ［图形］ 将一个圆形蛋糕 5 等分的方法是什么？

如果是圆形，很容易把圆的中心角 5 等分，但是四边形的话，5 等分就难了。

按人数分一个圆形蛋糕很难，但如果了解圆的性质，就能找到最合适的划分方法。

圆的特征是从中心到外周的距离（半径）相等，井盖的设计就利用了圆的这个性质。井盖一般是圆形的。如果是圆形的话，只要不裂开，怎么倾斜也绝不会掉到洞里。如果是四边形的话，竖着和横着的一条边的长度会比对角线短，所以四边形的井盖一倾斜就会掉进洞里去（图1）。

另外，“同一个圆的所有半径都相等”意味着将圆的中心角360度均分的话，所得的面积也是相等的。比如要想将圆形蛋糕平均分成3块的话，只需要将圆的中心角3等分（每份120度）；要想分成5块的话，只需要将圆的中心角5等分（每份72度）（图2左）。

但是把四边形的蛋糕平均分成5份却十分困难。比如，把一个正方形的完整蛋糕沿其中心（对角线的交点）5等分时，先取出占整个蛋糕面积五分之一的三角形，然后把剩余部分平均分成4份，但这时无法保证每一份蛋糕的形状都一样（图2右）。

圆形的面积很容易等分

井盖呈圆形的原因（图1）

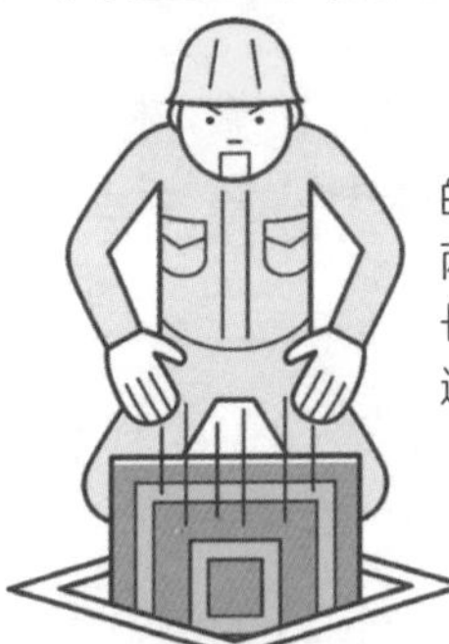

如果是四边形的井盖，对角线比两边中的任一边都长，一倾斜就会掉进井里去。

如果是圆形的井盖，不管从哪个角度往下掉，都会卡在井口边缘。

5等分圆形、四边形蛋糕的方法（图2）

圆形　5等分圆的中心角，每一份的角度是72°。

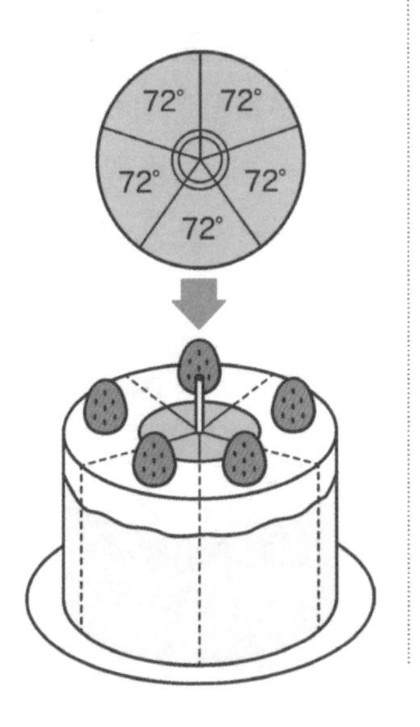

正方形　1边边长是10cm时，正方形的面积是$100cm^2$。5等分正方形，每一份的面积是$20cm^2$，即$100cm^2 \div 5$。

总面积是 $100\ cm^2$

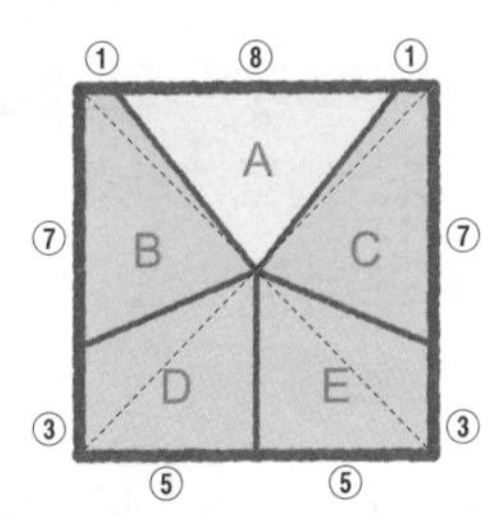

A 面积

$8 \times (10 \div 2) \div 2 = 20cm^2$

B、C 面积

$1 \times (10 \div 2) \div 2 + 7 \times (10 \div 2) \div 2 = 20cm^2$

D、E 面积

$3 \times (10 \div 2) \div 2 + 5 \times (10 \div 2) \div 2 = 20cm^2$

（单位cm）

24 [图形] 圆周率是谁发现的？是怎么算出来的？

古代人通过马车车轮的旋转发现了圆周率。阿基米德首次将圆周率以数学的形式计算出来！

圆周率，就是用来表示圆的周长是直径的多少倍的数字。3.1415……这个数字在小数点之后会无限持续下去，是个**无理数**（第28页），所以又用π这个符号来表示。另外，π的值是固定的，和圆的大小没有关系。像π这样不随时间和条件变化的数字叫作常数。

在古代的时候，人们就一直想知道圆周率具体的值。古代的人们发现，马车的车轮旋转1周的时候前进的距离大概是车轮直径的3倍，并由此注意到了圆周率。在数学历史上第一个计算出圆周率的人是**阿基米德**（第78页），他用**割圆法**算出了圆周率的近似值。割圆法就是通过圆的内接、外接正多边形来求得圆周率范围的计算方法（下图）。阿基米德以近似于圆形的**正九十六边形**作为圆的内外接正多边形，求出内接正九十六边形的周长为$\frac{223}{71}$，外接正九十六边形的周长为$\frac{22}{7}$，进而由此得出π**大于$\frac{223}{71}$（3.140845……），小于$\frac{22}{7}$（3.142857……）**。

如今通过电子计算机，我们可以计算到圆周率小数点后的31.4万亿位。

求圆周率的思考方式

用圆的内外接正方形、正六边形来求圆周率

求圆周率需要通过圆的内外接正多边形来计算圆周长。

正方形的情况

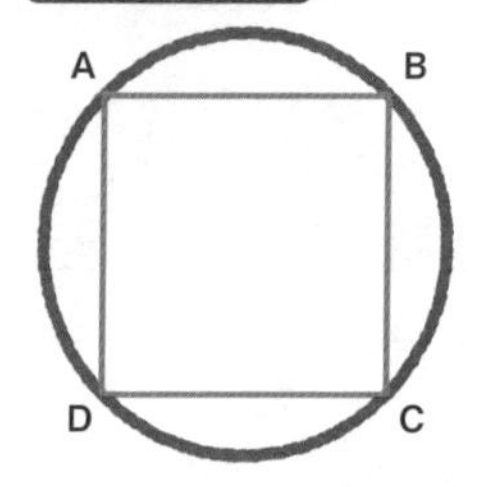

正方形的边 AB 要比圆弧 AB 短

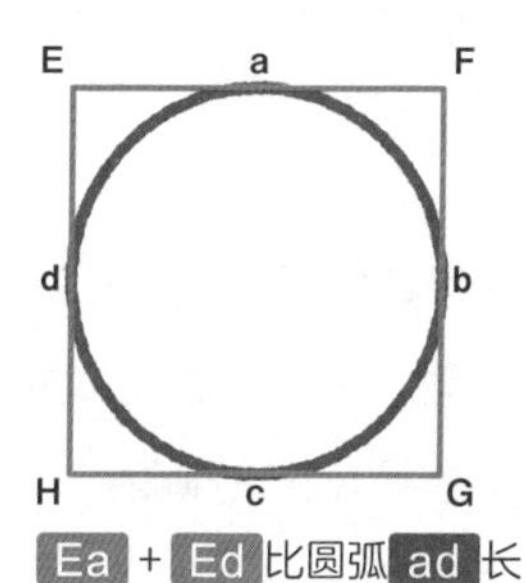

Ea + Ed 比圆弧 ad 长

➡ 圆的内接正方形的周长小于圆的周长

➡ 圆的外接正方形的周长大于圆的周长

正六边形的情况

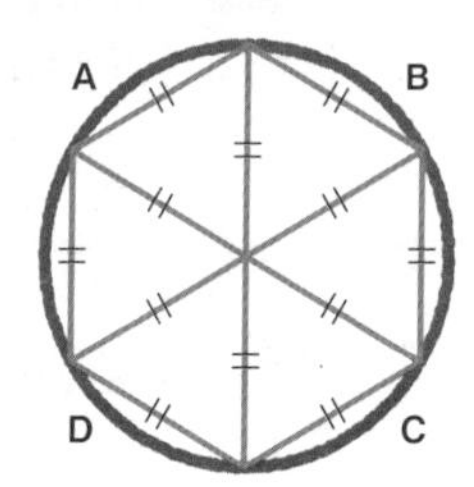

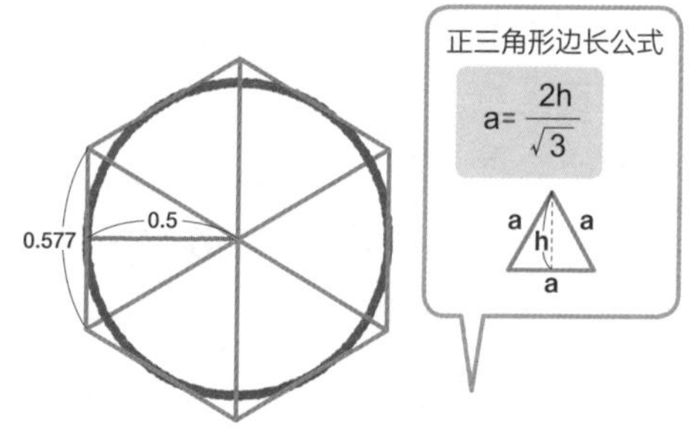

直径为1的圆的内接正六边形可以看作6个正三角形，所以内接正六边形的周长为3，圆的周长则大于3。

圆的半径（0.5）是正三角形的高，根据正三角形边长公式可知，正六边形的边长 为2÷(1.732……)×0.5=0.5773……，那么外接六边形的周长约为3.464。

➡ **圆周率大于 3，小于 3.464！**

25 [图形] 过去的人是如何计算地球周长的?

利用两个城市的太阳高度差和距离来推算!

古希腊数学家**埃拉托色尼**研究出了寻找质数的方法，他还因为在公元前3世纪就精确地推算出地球周长而举世闻名。那么，他是如何推算出来的呢?

古希腊人通过观察太阳和月亮得知**地球是圆的**。埃拉托色尼发现，在1年中太阳升得最高的时间——夏至的正午，在叫作赛伊尼（今天埃及的阿斯旺）这个城市的深井底下能看到**太阳光的反射**。这就意味着，太阳是从正上方垂直照射下来的。但是在同一天的正午，在赛伊尼以北的城市亚历山大，太阳就没有升到正上方。埃拉托色尼通过立着的木棒影子得知，**亚历山大和赛伊尼的太阳高度差是7.2度**（图1）。

360度÷7.2度=50，埃拉托色尼利用这个公式将两个城市的距离5000视距（当时的距离单位）乘以50倍，得出地球周长为25万视距（图2）。

1视距大约是0.185千米，乘以25万倍大约就是**46250千米**。实际上地球的周长约4万千米，可以说这是一个非常接近的数值了。在古代，通过数学计算也能得知地球的大小。

地球周长的测量方法

▶夏至当天的太阳高度（图1）

同样都是在夏至正午立1根木棒，在赛伊尼看不到木棒的影子，而在亚历山大却能看到木棒的影子，由此测量出两地的太阳高度差是7.2°。

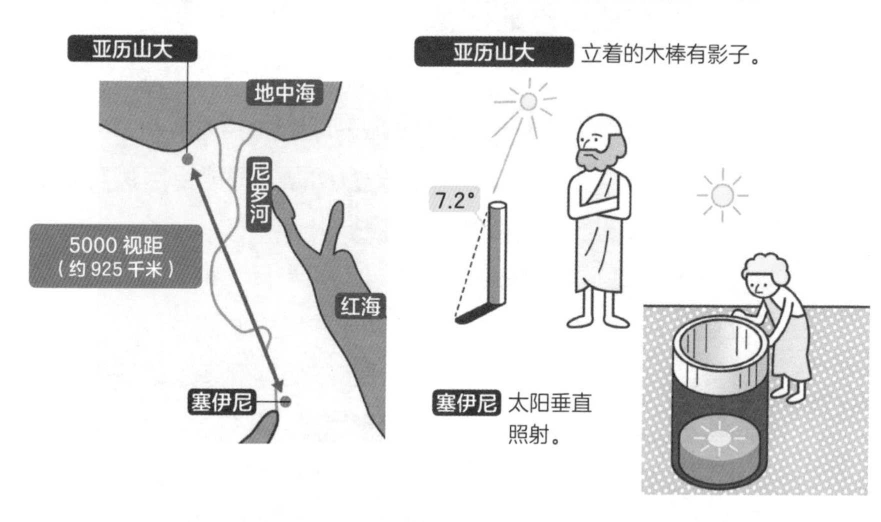

▶存在太阳高度差的原因（图2）

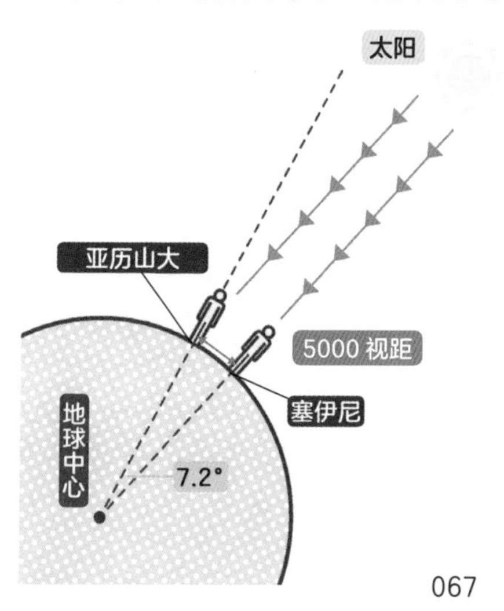

太阳光平行照射在地球表面，但因为纬度差造成了太阳高度的差别。因此，推算出地球周长是5000（视距）×360°/7.2°＝25万（视距）

$$5000(\text{视距})\times\frac{360°}{7.2°}=25\text{万}(\text{视距})$$

26 [图形] 如何计算新月形的面积？月形定理

不使用圆周率，就能准确算出曲线所围成的特定新月形的面积。

怎样计算用曲线围成的图形的面积呢？古希腊数学家们为测量领地的面积，致力于解决**化圆为方问题**，即能否**用直尺和圆规画出与已知圆形面积相等的正方形**（图1）。

当时已知圆的面积公式是“半径 × 半径 × π”，但由于π是3.1415……，是个无理数，所以只能求出大概的数值。在不断的研究中，数学家**希波克拉底**发现了**不用圆周率就能正确求出特定新月形面积的方法**。这就是**月形定理**。

月形定理指的是在直角三角形ABC中，以边AB、AC、BC为直径在同一方向画圆，所得两个新月形（S_1和S_2）的面积之和等于直角三角形的面积（S_3）。可以使用**勾股定理**（第54页）来证明月形定理的正确性。

1882年，π被证明是**超越数**（不是整系数多次式方程的解的数），从而在数学上证明了“化圆为方问题”是不可能的。

从化圆为方问题到月形定理

化圆为方问题（图 1）

可以画出与已知圆形面积相同的正方形吗？

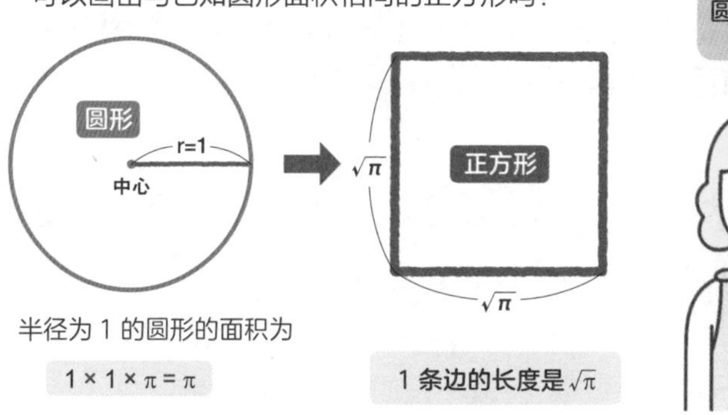

半径为 1 的圆形的面积为

$1 \times 1 \times \pi = \pi$

1 条边的长度是 $\sqrt{\pi}$

月形定理与其证明公式（图 2）

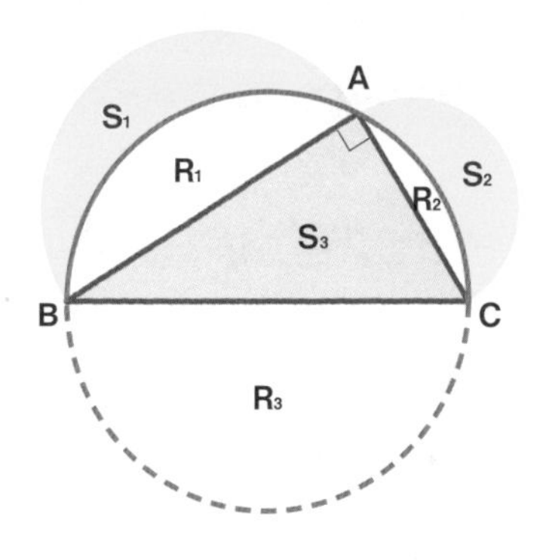

直角三角形 ABC 的面积 S_3 等于两个新月形的面积之和 S_1+S_2

证明 根据勾股定理可知

$AB^2+AC^2=BC^2$

半圆的面积是（直径 $\times \frac{1}{2}$）$^2 \times \pi \times \frac{1}{2}$

所以（S_1+R_1）$+(S_2+R_2)=R_3$

半圆 R_3 与 $R_1+R_2+S_3$ 的面积相等

$S_1+R_1+S_2+R_2=R_1+R_2+S_3$

所以 $S_1+S_2 = S_3$

27 [数学] 质数到底是什么数？它存在无穷多个吗？

质数又称素数，就是只能被它本身和1整除的自然数，存在无穷多个！

在做除法时，4可以被2整除，6可以被3整除。就像这样，我们把能够整除另一个数字的数字叫作约数。但是2和3都不能再继续整除。像2和3这样，**只能被它本身和1整除的数字就叫作质数**。质数都是奇数，1既不是质数又不是合数。

2以上的自然数，可以被归类为质数或者合数（在1和它本身以外还有其他约数的自然数），并且存在无穷多个。如果我们假设n为自然数，那么就可以用4n+1或4n−1来表示奇数质数，但并不是说能被此方程表示的所有数字都是质数。此外，能用4n+1表示的质数，都能够像$13=2^2+3^2$这样，用两个数字的平方之和表示，让人感到很不可思议。

古希腊数学家**埃拉托色尼**提出了求出质数的方法。比如从1到100的数字中，从1开始按顺序写在方格里，然后按质数从小到大的顺序，依次用线画掉2的倍数、3的倍数……最后剩下的数字就是质数。这种方法也被称为**埃拉托色尼筛选法**（下图）。顺便说一下，1到100中有25个质数，1到1000中有168个质数，1到10000中有1229个质数。

根据倍数求质数的方法

埃拉托色尼筛选法

1 画掉第一个质数 2 的倍数

1	2	3	4	5	6	7	8	9	10
11	12	13	14	15	16	17	18	19	20
21	22	23	24	25	26	27	28	29	30
31	32	33	34	35	36	37	38	39	40
41	42	43	44	45	46	47	48	49	50
51	52	53	54	55	56	57	58	59	60
61	62	63	64	65	66	67	68	69	70
71	72	73	74	75	76	77	78	79	80
81	82	83	84	85	86	87	88	89	90
91	92	93	94	95	96	97	98	99	100

2 然后画掉第二个质数 3 的倍数

1	2	3	4	5	6	7	8	9	10
11	12	13	14	15	16	17	18	19	20
21	22	23	24	25	26	27	28	29	30
31	32	33	34	35	36	37	38	39	40
41	42	43	44	45	46	47	48	49	50
51	52	53	54	55	56	57	58	59	60
61	62	63	64	65	66	67	68	69	70
71	72	73	74	75	76	77	78	79	80
81	82	83	84	85	86	87	88	89	90
91	92	93	94	95	96	97	98	99	100

3 再画掉第三个质数 5 的倍数

1	2	3	4	5	6	7	8	9	10
11	12	13	14	15	16	17	18	19	20
21	22	23	24	25	26	27	28	29	30
31	32	33	34	35	36	37	38	39	40
41	42	43	44	45	46	47	48	49	50
51	52	53	54	55	56	57	58	59	60
61	62	63	64	65	66	67	68	69	70
71	72	73	74	75	76	77	78	79	80
81	82	83	84	85	86	87	88	89	90
91	92	93	94	95	96	97	98	99	100

4 最后画掉第四个质数 7 的倍数

1	2	3	4	5	6	7	8	9	10
11	12	13	14	15	16	17	18	19	20
21	22	23	24	25	26	27	28	29	30
31	32	33	34	35	36	37	38	39	40
41	42	43	44	45	46	47	48	49	50
51	52	53	54	55	56	57	58	59	60
61	62	63	64	65	66	67	68	69	70
71	72	73	74	75	76	77	78	79	80
81	82	83	84	85	86	87	88	89	90
91	92	93	94	95	96	97	98	99	100

接下来质数11可以消掉的数字，除去2、3、5、7的倍数，就是121。因为121大于100，所以1～100中全部的质数如**4**所示。

05

了不起的 数学家！

埃拉托色尼

（约公元前275—公元前194）

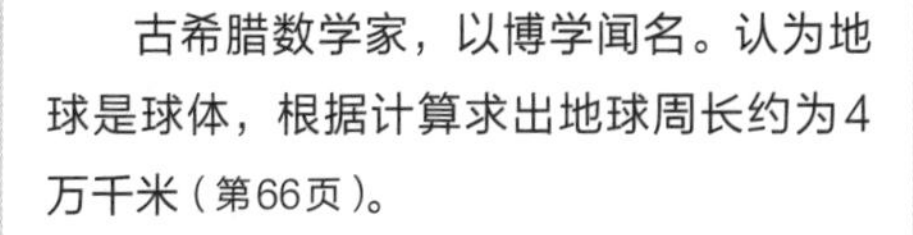

古希腊数学家，以博学闻名。认为地球是球体，根据计算求出地球周长约为4万千米（第66页）。

28 [数学] 是否存在寻找多位质数的公式？

并不存在确切的计算方法，但梅森数可以告诉我们答案。

埃拉托色尼筛选法虽然可以找出一定范围内所有的质数，但很难从上万、上亿这样的大数字中找出质数。那么，是否存在一个可以准确找出**质数的公式**呢？实际上，数学史上有不少数学家进行了尝试，但最终谁都没有找到这个公式（图1）。

1644年，法国数学家**梅森**发现，用2的n次方减去1就可以得到一个**质数**。他猜测“如若满足2^n-1（梅森数）为质数，且n小于等于257，则n只能是2、3、5、7、13、17、19、31、67、127、257”。通过这个公式求得的质数称为**梅森数**（图2）。但梅森的猜想也存在错误，那就是他认为“n可以为67、257”。后来经验证，当n为61、89、107时才符合梅森数的条件。

到了20世纪，人们发现了n大于257的多位质数，现在又发现了一个可以**简单判断梅森数是否为质数的方法**。2018年发现的第51个梅森数$2^{82589933}-1$，其位数超过了2486万位。

寻找多位质数的公式

有没有寻找质数的公式呢?（图 1）

虽然质数看似是无序排列的，但是按照一定的规则，是否可以将其用公式表示出来？在数学史上，曾有不少天才进行了尝试，想要得到一个能够准确找出质数的公式，但是直到现在，我们依然没有找到这个公式。

梅森数（图 2）

2018 年发现了第 51 个梅森数。

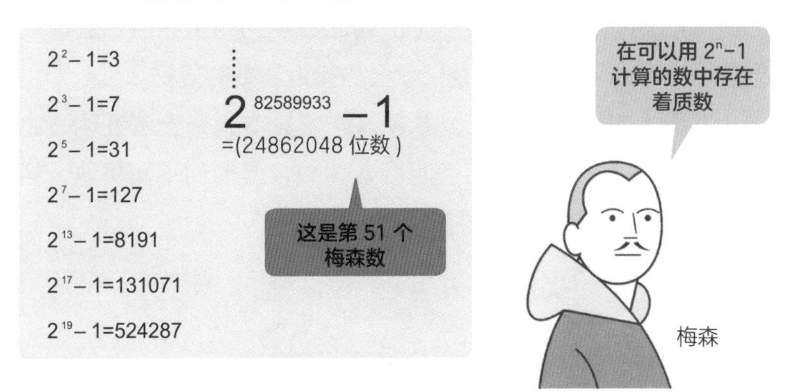

29 欧拉？黎曼？向质数发起挑战的数学家

[数学]

质数的分布似乎有一定的规律，但是从来没有人找到过这个公式。

为什么数学家们如此重视质数？因为“质数是除了1和它本身外，无法被其他自然数整除的基本数”，如果发现它们的规律，我们就能更接近**自然界和宇宙的规律**。然而质数似乎只是不规则地出现。

第一个接近质数之谜的人，是18世纪瑞士数学家**欧拉**（第122页）。欧拉从一个只用质数的数学公式中发现了**质数和圆周率（π）之间的密切关系**（图1）。

此外，在19世纪，德国数学家**黎曼**发展了被称为**zeta函数**的数列。欧拉也曾研究过这个数列，并预言无限个质数的分布有规律可循，这就是**黎曼猜想**（图2）。这个猜想是**数学史上首次把质数的规律性存在作为一个严谨的数学问题来看待**，据说如果这个猜想能够被证明，我们就会更接近质数的奥秘。

然而，黎曼猜想实在太难了，连黎曼本人都无法证明。此后，很多天才数学家都想证明黎曼猜想，但他们不断失败。黎曼猜想至今仍是数学史上的难题之一。

挑战质数之谜的欧拉和黎曼

欧拉的质数公式（图 1）

$$\frac{2^2}{2^2-1} \times \frac{3^2}{3^2-1} \times \frac{5^2}{5^2-1} \times \frac{7^2}{7^2-1} \times \frac{11^2}{11^2-1} \times \frac{17^2}{17^2-1} \cdots\cdots = \frac{\pi^2}{6}$$

如果继续用质数乘以分数，就会出现圆周率“π”。

zeta 函数（ζ函数）和黎曼猜想（图 2）

黎曼发展了欧拉研究过的zeta函数，指出质数的分布有规律可循。

$$\zeta(s) = \frac{1}{1^s} + \frac{1}{2^s} + \frac{1}{3^s} + \frac{1}{4^s} + \frac{1}{5^s} + \frac{1}{6^s} \cdots\cdots$$

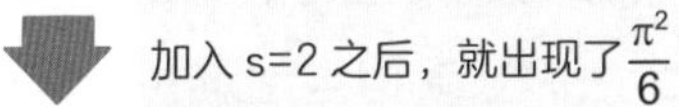

$$\zeta(2) = \frac{1}{1^2} + \frac{1}{2^2} + \frac{1}{3^2} + \frac{1}{4^2} + \frac{1}{5^2} + \frac{1}{6^2} \cdots\cdots = \frac{\pi^2}{6}$$

黎曼从这个 zeta
函数开始猜想

黎曼猜想

zeta 函数的非平凡零点

$\zeta(s) = 0$

应该都在同一条直线上

如果能证明这个猜想的话，就能明白质数的分布规律。

波恩哈德·黎曼
（1826—1866）

德国数学家。以其先驱性的研究，发展了20世纪的数字分析和微分几何学。

30 质数有什么用处？

［数学］

“将较大的质数相乘得到的数进行分解质因数几乎是不可能的”被应用于网络密钥！

人们发现了难以被发现的质数，那么质数有什么用处呢？质数有**分解质因数**这一相关算法。它指的是用一个自然数（正整数）除以质数（一直除到结果为质数为止），这些质数相乘（质因数的乘积）可以表示该自然数。例如30可以分解为2×3×5。

虽然将两位数和三位数分解质因数非常简单，但要将好几十位数分解质因数就相当困难了。就算有人想把它分解质因数，但因为要从最小的质数2开始依次寻找可以相除的质数，需要花费很长时间。因此，如果一个人**将较大的质数相乘得到很大的数字，让其他人来将这个数字分解质因数是非常困难的**。

RSA加密算法（下图）就利用了质数的这一特点。RSA加密算法可应用于电子邮件和网购，比如在给别人发送银行卡号时，**发信人使用收信人公开的质数的积（质数相乘后得到的数字）**对卡号进行加密。收信人在收到密文后，利用私密的**质数组合**对其进行解密。就算密文泄露了，第三方在不知道质数组合的情况下，利用计算机也很难对密文进行解密。

利用质数乘积的加密算法

RSA 加密算法的步骤

例 发信人A向收信人B发送银行卡号

1 收信人 B 公开质数的乘积，这个数字被称为公钥。（实际情况下使用的公钥一般位数很多，这里为了简要进行说明，把公钥定为221）

2 发信人 A 使用公钥对卡号进行加密，发送给收信人 B 。

3 收信人 B 将221分解质因数后得到密钥13和17（质数组合），就可以使用密钥对密文进行解密。

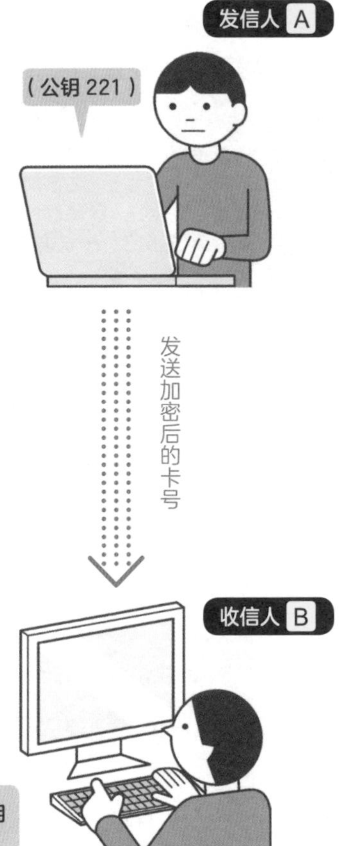

RSA 加密算法的要点

因为知道密钥的不是发信人，不用发送密钥就可以加密。

古代最伟大的科学家

阿基米德

（公元前287？—公元前212）

阿基米德是古希腊数学家，也是精通物理学和天文学等各种科学领域的天才。阿基米德出生于希腊西西里岛上的城邦叙拉古。有一天，他在洗澡时发现了浮力定律。据说阿基米德发现这个原理时，他兴奋地大喊着“尤里卡！（我发现了！）”，连衣服都来不及穿就跑到了大街上。在发现杠杆原理时，阿基米德说：“给我一个支点，我就能撬起整个地球。”

在数学上，阿基米德采用割圆法求出了圆周率的值在3.1408……和3.1428……之间（第64页）。另外，他还求出了抛物线的弦与抛物线所围成的封闭图形的面积，这是微积分的起源（第204页）。进而，他发现了计算圆柱体积和表面积的方法，对螺旋形曲线做出了定义。

在第二次布匿战争中叙拉古沦陷时，罗马士兵进入了阿基米德家中。据说由于阿基米德醉心于研究，没有搭理这些士兵，被怒气冲冲的士兵杀掉了。

阿基米德是最伟大的数学家之一，数学界的最高奖项菲尔兹奖（第214页）的奖章上就镌刻着他的头像。

第2章

原来如此！数学的奥秘

多面体、抛物线、螺线、黄金分割等，
在我们身边就隐藏着数学的秘密。
在数学的各种公式中，
我们能够发现立体图形和曲线的本来面目。

31 [图形] 柏拉图立体是什么样的立体图形？

每个面都是相同形状的多边形立体，一共只有五种神秘的立体图形！

图形中有一种叫作**柏拉图立体的图形**，究竟是什么样子呢？首先我们来了解一下立体图形的种类吧！与三角形和正方形等**平面图形**相对应，有长、宽、高的三维图形叫作**空间图形**。在空间图形中，**由多个平面和曲面围成的图形叫作立体图形**。

我们熟知的立体图形有长方体、球体、圆锥体、四棱锥和圆柱等。在立体图形中，**全部由平面围成的图形叫多面体**；各个面是全等的正多边形，并且各个多面角都全等的多面体叫**正多面体**。正多面体有5种，分别是**正四面体**、**立方体（正六面体）**、**正八面体**、**正十二面体**和**正二十面体**（下图）。

在古希腊，对于正多面体的研究层出不穷。公元前350年左右，在数学领域也颇有建树的哲学家柏拉图得出了一个结论：这五种正多面体富有美感和神秘感，与四大元素（土、空气、水、火）和宇宙相关联。所以，正多面体也被称作**柏拉图立体**。而证实正多面体有且只有5种的数学家，是生活在公元前300年前后的欧几里得。

正多面体有且只有 5 种

▶ 5 种正多面体（图 1）

正四面体

由4个正三角形围成的多面体。

棱数 6 顶点数 4

立方体（正六面体）

由6个正方形围成的多面体。

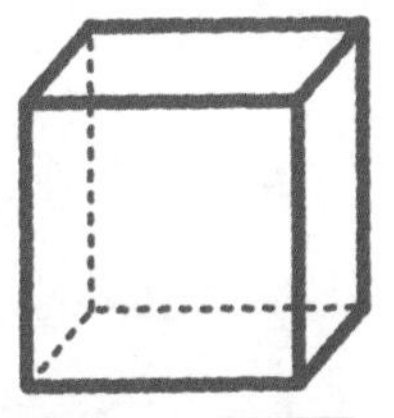

棱数 12 顶点数 8

正八面体

由8个正三角形围成的多面体。

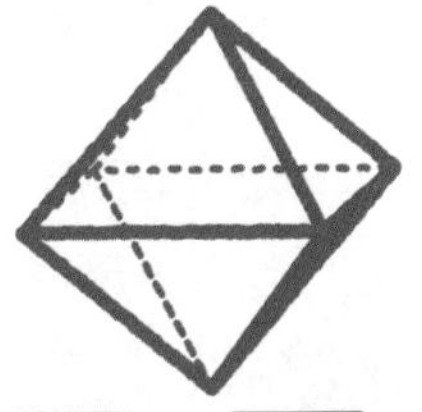

棱数 12 顶点数 6

正十二面体

由12个正五边形围成的多面体。

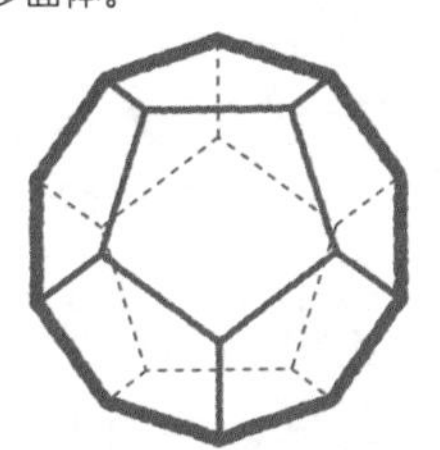

棱数 30 顶点数 20

正二十面体

由20个正三角形围成的多面体。

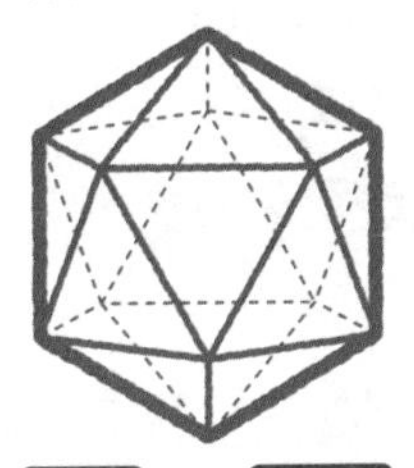

棱数 30 顶点数 12

了不起的数学家！

07

柏拉图

（公元前427—公元前347）

古希腊哲学家和数学家。把数学知识与自己的哲学相融合。

32 足球的形状为什么是这样的?

[图形]

虽然是平面，但充入空气后近似球形，不易变形、均匀受力!

虽然现在流行颜色鲜艳的足球，但是以前人们经常使用的是黑白相间的足球。这种足球的**黑色部分**是12个**正五边形**，**白色部分**是20个**正六边形**，共计有32个正多边形。为什么是这种形状呢?

在所有面都是正多边形、顶点形状全部一样的多面体中，人们把除了正多面体以外的多面体叫作**半正多面体**。半正多面体包括**立方八面体**，**二十·十二面体**，**变形立方体**等，共有**十三种**。古希腊学者阿基米德首先发现这种多面体，因此它又被称为**阿基米德多面体**(图1)。

足球的形状就是一种半正多面体——**截顶正二十面体**。将**正二十面体**的各个顶点在边长$\frac{1}{3}$处切断，因此被称为半正多面体(图2)。

正二十面体有12个顶点，将顶点切分后能够得到12个正五边形，而正五边形有5个顶点，所以切顶二十面体共有12×5=60个顶点，而且它有90条边。足球设计成切顶二十面体的原因是：制作时虽然是个平面，但充入空气后近似球形，并且不易变形，**能够均匀接受脚踢的力量**。

足球的形状就是阿基米德多面体

阿基米德多面体示例（图1）

立方八面体

由8个正三角形和6个正方形构成的多面体。

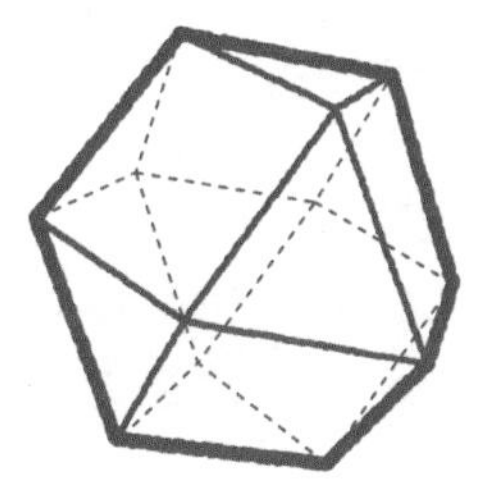

构成面 正三角形 8 个
正方形 6 个

二十·十二面体

将正十二面体或者正二十面体的各顶点切至边长的中心处。

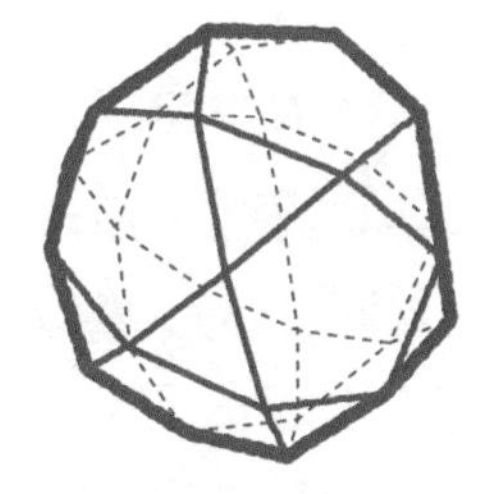

构成面 正三角形 20 个
正方形 12 个

变形立方体

将正六面体的面扭曲，仿佛在中间放了一个正三角形的立体。

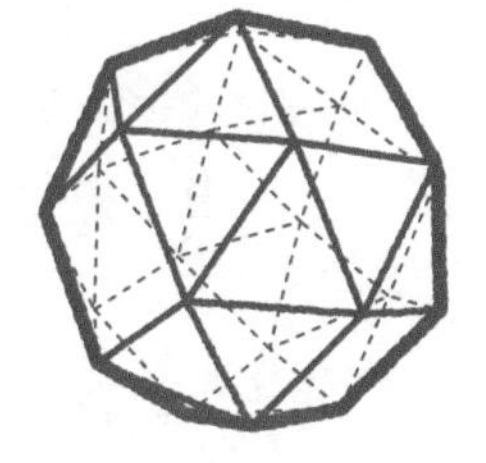

构成面 正三角形 32 个
正方形 6 个

由正二十面体制作而成的足球（图2）

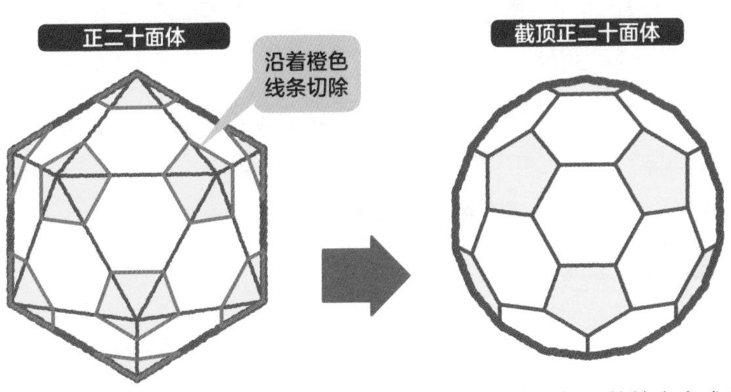

将正二十面体的各顶点在边长 $\frac{1}{3}$ 处切下。

顶点被切下的地方变成正五边形，形成截顶正二十面体。这就是足球的外观。

33 美丽的数学定理——多面体欧拉定理

［图形］

在任意凸多面体中，只要知道顶点数、棱数、面数里的任意两个数值就能推算出剩下的数值！

人们经常使用美丽来形容数学定理，虽然每个人对于美的标准不同，但是**多面体欧拉定理被公认为最美的定理**。

1751年，瑞士数学家**莱昂哈德·欧拉**（第122页）发现了这一多面体定理。多面体欧拉定理指的是：在任意**凸多面体**（没有凹陷和孔的多面体，连接两个顶点的线段完全包含在多面体内部）中，**设其顶点数为V（Vertex）、棱数为E（Edge）、面数为F（Face），公式“V−E+F=2”都成立**。

例如在正六面体中，有6个正方形面、8个顶点和12条边，因此“8−12+6=2”成立。也就是说，只要是凸多面体，得知其顶点数、棱数和面数中的任意两个数值，就可以推算出剩下的一个数值。此外，欧拉还证明了**平面多边形公式“V−E+F=1”**。

还有关于像甜甜圈一样“有孔的多面体”，把孔的数量设为P（像把P个甜甜圈连接起来一样的多面体），那么公式“**V−E+F=2−2p**”成立。

欧拉证明了多面体的性质

▶ 欧拉的多面体公式（图1）

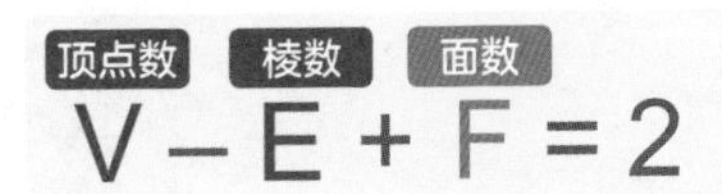

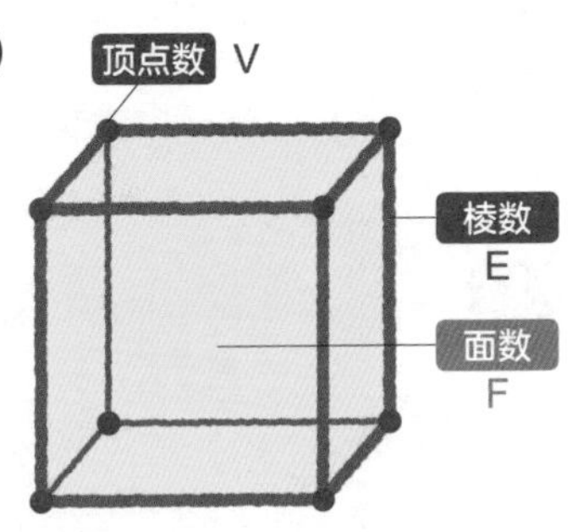

莱昂哈德·欧拉
（1707—1783）

瑞士数学家，被称作18世纪数学界的中心人物。欧拉发现了许多重要的定理，在他晚年失明后仍然发表了大量论文。

▶ 正多面体的顶点数、棱数和面数（图2）

	顶点数	棱数	面数
正四面体	4	6	4
正六面体	8	12	6
正八面体	6	12	8
正十二面体	20	30	12
正二十面体	12	30	20

可以看出，正六面体和正八面体、正十二面体和正二十面体的顶点数与面数正好相反。这种关系被称作对偶。

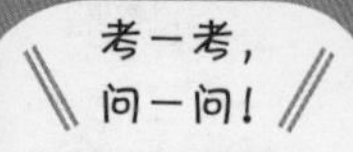

数学
谜题
2

直角三角形的面积会因为重新排列发生变化吗？不可思议的直角三角形

以下是一个数学拼图小游戏：将直角三角形分成几个部分并重新排列，它的面积会发生变化吗？

1 如图所示，将直角三角形分成Ⓐ Ⓑ Ⓒ Ⓓ四个部分。

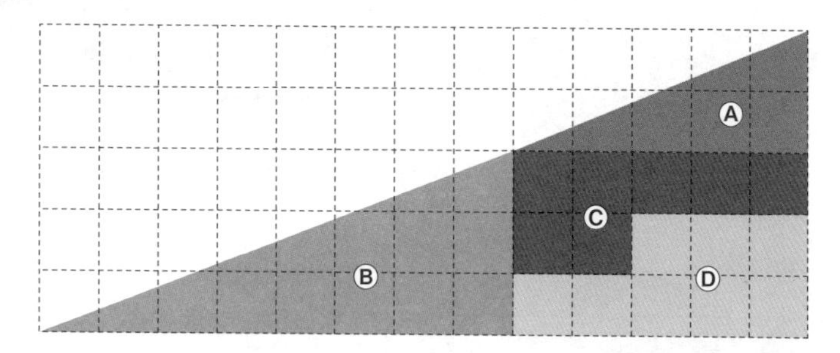

2 将分好的部分重新排列，就能得到下图的直角三角形。

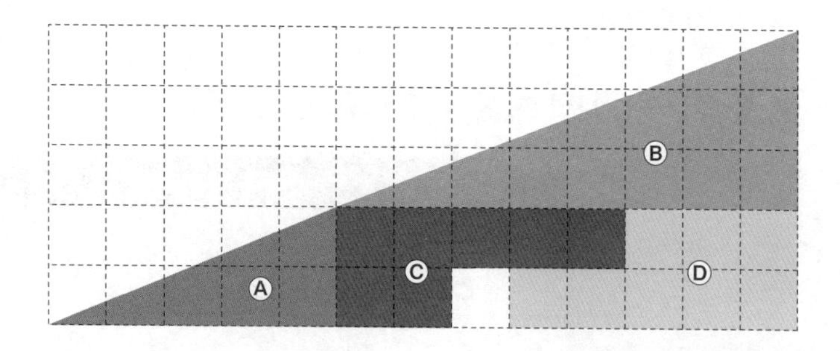

新得到的直角三角形下面有一格是空的。直角三角形的底边、高以及四个部分的大小等都没有发生变化，为什么总面积却减少了一格呢？

答案和解析

直角三角形❶和直角三角形❷虽然看起来形状相同，但是仔细观察就会发现，两个直角三角形有不同之处。那就是“**斜边的倾斜度**”。

直角三角形Ⓐ的底边长为5、高为2，可得出斜边的倾斜度为2÷5=0.4。直角三角形Ⓑ的底边长为8、高为3，可得出斜边的倾斜度为3÷8=0.375。也就是说，**直角三角形Ⓐ的斜边与底边之间的角度更大**。

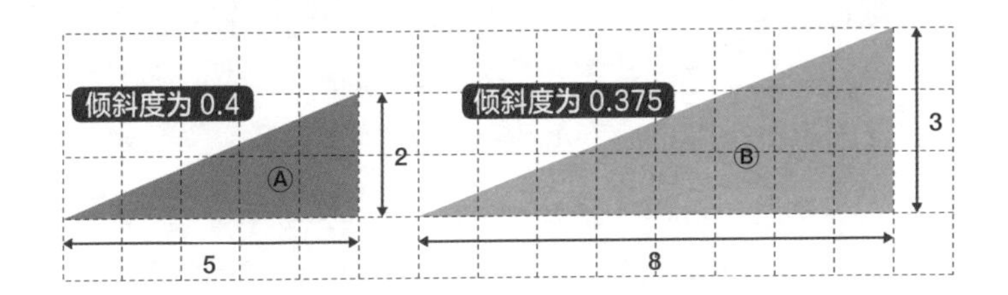

将直角三角形❶和❷重叠后就会发现，直角三角形❷的斜边是鼓起来的，鼓出来的这部分的面积就是下面空白格的面积。也就是说，**这两个直角三角形从严格意义上来说都不是直角三角形，而是像直角三角形的四边形**。

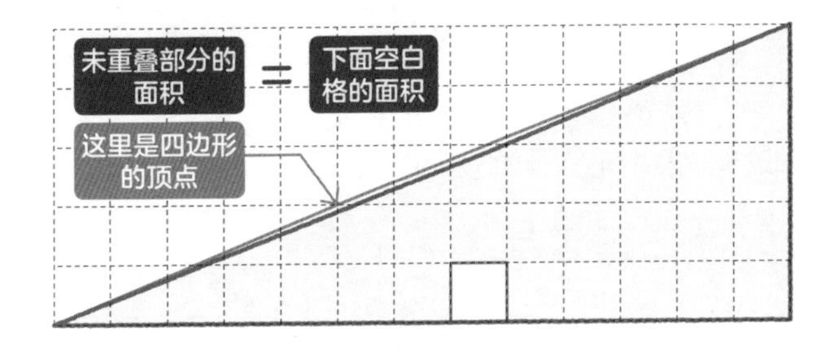

34 曲线有哪些种类？

［图形］

阿波罗尼奥斯发现的圆锥曲线是曲线的代表，包括抛物线、双曲线、椭圆和圆等。

曲线都有哪些种类呢？

古希腊数学家阿波罗尼奥斯发现的圆锥曲线，是曲线的代表。**圆锥曲线**是指平面切割圆锥后，在截面上形成的曲线，其中还可以分为**圆**、**椭圆**、**抛物线**和**双曲线**四种类型（图1）。

圆是用平行于圆锥底面的平面切割圆锥后形成的曲线。椭圆是指平面上到两个定点（焦点）的距离之和为定值的圆的轨迹。它是在不接触圆锥底面的情况下，用不平行于底面的平面切割圆锥形成的曲线。

抛物线是用平行于母线（圆锥等旋转体侧面的线段）的平面切割圆锥后形成的曲线。比如，**将物体斜向抛出后形成的轨迹以及喷泉喷出形似山的水流都属于抛物线**。我们熟知的抛物面天线和手电筒等物品，也利用了抛物线的原理。电波和光线垂直照射到天线或镜面后，经抛物面反射集中到同一点。这个特征可以用于收集或释放电波或光线（图2）。

双曲线是指用垂直于底面的平面切割圆锥后形成的曲线，它的特点是截面可以无限延伸。

抛物线也是一种“圆锥曲线”

4 种圆锥曲线（图 1）

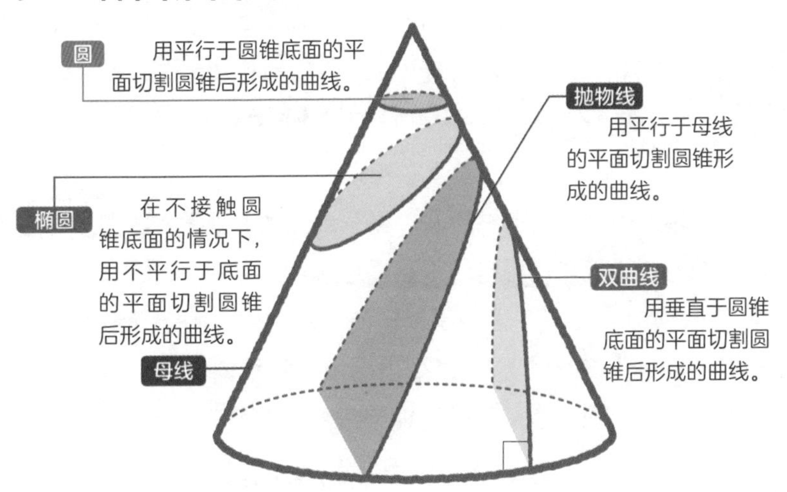

抛物面天线和抛物线（图 2）

抛物线图表具有以下特征。

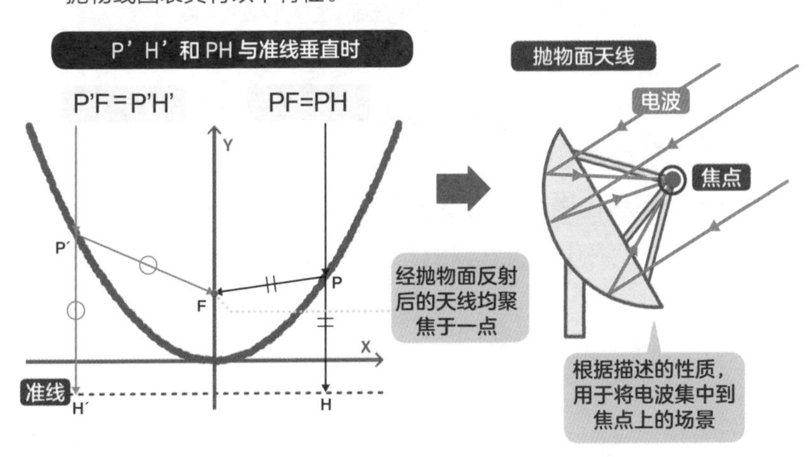

35 用于建筑学的悬链线是什么？

[图形]

固定绳子两端时所呈现出来的曲线。绳子上下翻转，还能呈现机械性稳定！

拿起绳子两端向上提起时，绳子会自然下垂吧？**绳子下垂时所呈现的曲线就叫作悬链线（悬垂线）**。

catenary在拉丁语中是锁链的意思，由“固定锁链两端时形成的曲线”命名。悬链线看起来和**抛物线**相似，但实际上是不同的曲线。悬链线的两端比抛物线的倾斜度要大（图1）。1691年，瑞士数学家**伯努利**和德国数学家**莱布尼茨**首次提出表示悬链线的方程式。

悬链线中，任一部分受到的重力都相等。悬链线上下翻转变为拱状后，**力道逆转**，呈现机械性稳定状态（图2）。

这种**悬链拱形**在建筑学中应用广泛。比如，日本山口县的**锦带桥**，还有东京的**代代木体育馆**的屋顶，都采用了悬链拱形设计。西班牙建筑家安东尼奥·高迪运用**悬链线进行建筑设计**，影响广泛，其代表作萨格雷达教堂就利用了绳子垂线模型设计而成。在自然界中，**蜘蛛网**横向分布的蛛丝就是悬链线的形状。

和抛物线不同的“悬链线”

悬链线和抛物线的不同

（图 1）

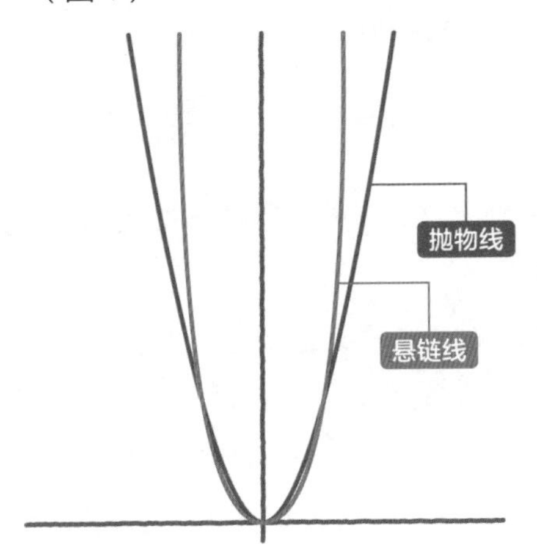

约翰 · 伯努利
（1667—1748）

瑞士数学家，发现了悬链线方程式和微积分的平均值定理。他的哥哥雅各布 · 伯努利因发现伯努利数而闻名，儿子丹尼尔 · 伯努利从数学的角度阐明流体运动，发现了伯努利定理。

悬链拱形（图 2）

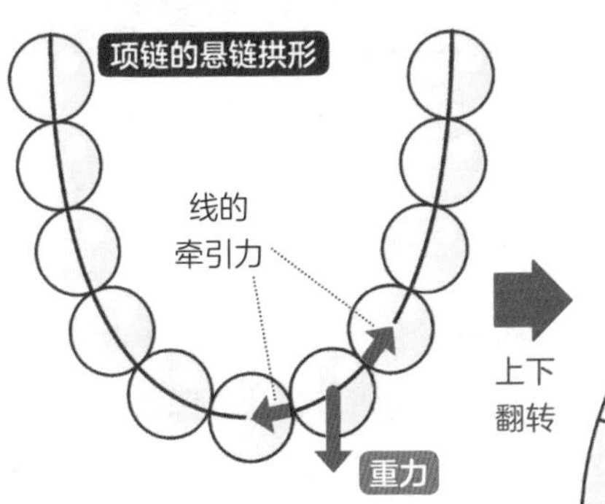

上下
翻转

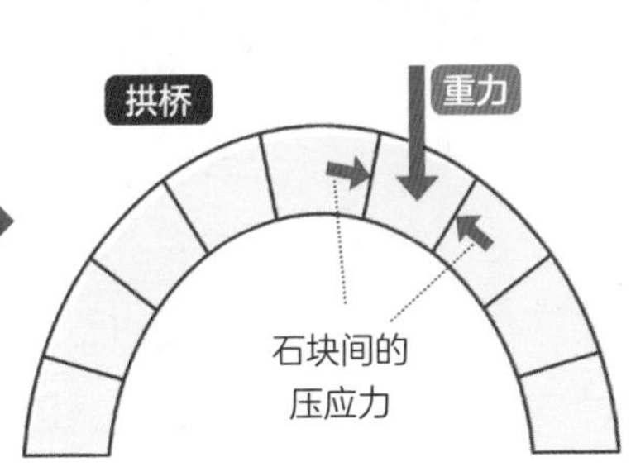

线的牵引力支撑着因重力而自然下垂的项链。

悬链线上下翻转后，形成机械性稳定的拱形。

36 [图形] 能让物体以最快速度落下的摆线是什么？

摆线是让只受重力作用的小球，在最短时间内落下的曲线。

静止不动的小球，在只受重力的作用下沿着斜面滚落时，哪种斜面能够使它最快滚落呢？

直线斜面？曲线面？圆弧面？答案是**摆线面**。

摆线是指类似于汽车或自行车的车轮在沿直线滚动时，**车轮上的某一点在滚动过程中所描画的曲线**（图1）。若将这一曲线上下翻转，就会得到一条最速降线。在所有斜面中，**最速降线**面上的物体从起点到终点运动时，所需时间是最短的（图2）。

伽利略·伽利雷在1638年曾下结论说，最速降线面呈圆弧曲线，但这其实是错误的。1696年，**约翰·伯努利**又向当时的数学家们抛出了这一尚未解决的最速降线问题，最后有4个人给出了正确答案。据说其中一个名叫**艾萨克·牛顿**的人，只花了一晚上就解出了这道难题。另外，荷兰的一位数学家**惠更斯**发现，上下翻转的摆线面上的物体如果不计摩擦力，只受重力因素影响，**从任意一点移动到终点所用的时间是完全相同的**。这种曲线被称作**等时曲线或等时降线**。也就是说，最速降线是一种等时曲线。

最速降线和等时曲线

摆线（图 1）

自行车车轮上某一点所描画的曲线，叫作摆线。

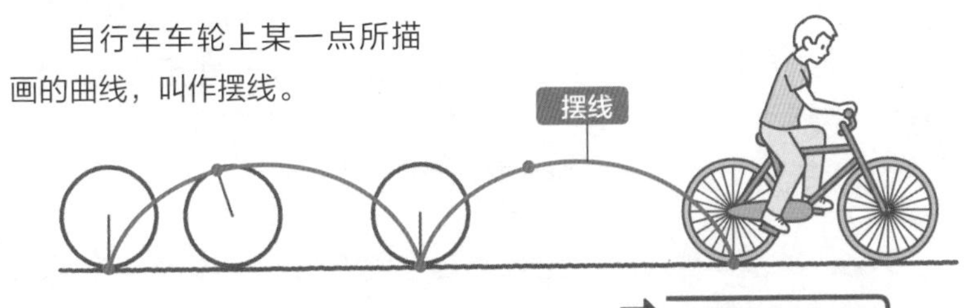

车轮滚动一周描画的摆线长度

最速降线也就是等时曲线（图 2）

最速降线

相较直线斜面和圆弧面等其他面，上下颠倒的摆线形成的最速降线面上的小球能最快到达终点。

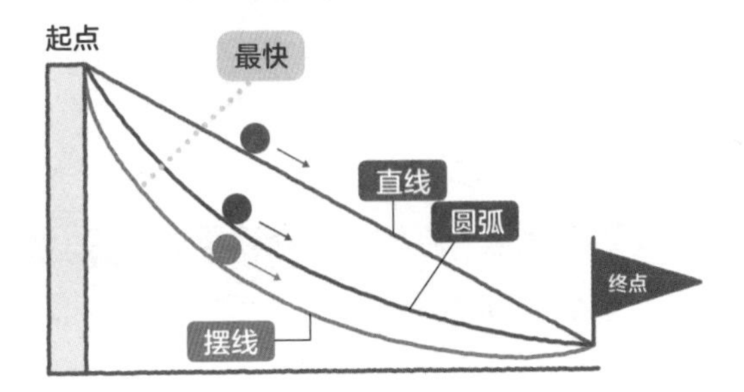

等时曲线

在等时曲线面上，将小球放置于任意位置，小球到达终点所需的时间相同。

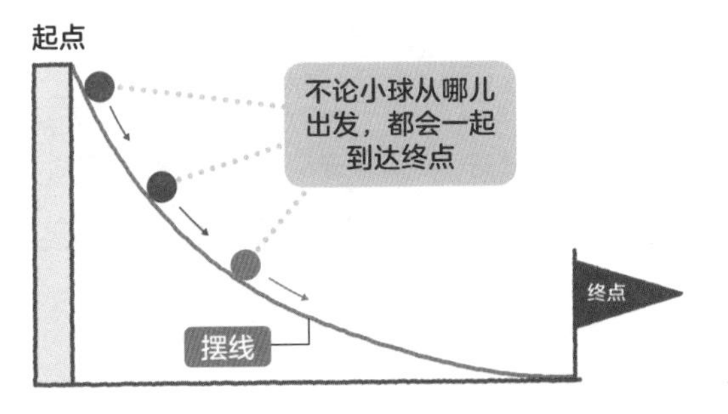

37 [图形] 高速公路的弯道是符合人体工学的曲线吗？

公路和过山车的弯道是逐渐变弯的回旋曲线！

大家乘坐汽车行驶在高速公路上时会发现，汽车很少会急转弯。这是因为高速公路上的弯道在入口处呈直线，之后会越来越弯。这种曲线被叫作**回旋曲线**。

其实，**当汽车以一定速度行驶时，如果匀速转动汽车的方向盘，汽车的行驶轨迹就会呈现出一条回旋曲线**。而同样匀速反向转动方向盘时，汽车所行驶的路径也会呈一条回旋曲线。匀速转动方向盘对人来说是非常自然的动作，因此是安全的，不会给身体造成负担。

如果高速公路的入口处设置成**弧状**（圆周的一部分）会怎样呢？那么，驾驶员一进入弯道就要急速转动方向盘，这是非常危险的（图1）。

过山车的垂直弯道中也运用了回旋曲线。1895年，世界上首个拥有垂直弯道的过山车在美国问世，但是过山车环状的垂直弯道使很多游客游玩后都感到颈部不适（图2），而采用回旋曲线设计的垂直弯道会让人感觉更加舒适。

让人感到舒适的回旋曲线

▶回旋曲线和圆弧的比较（图1）

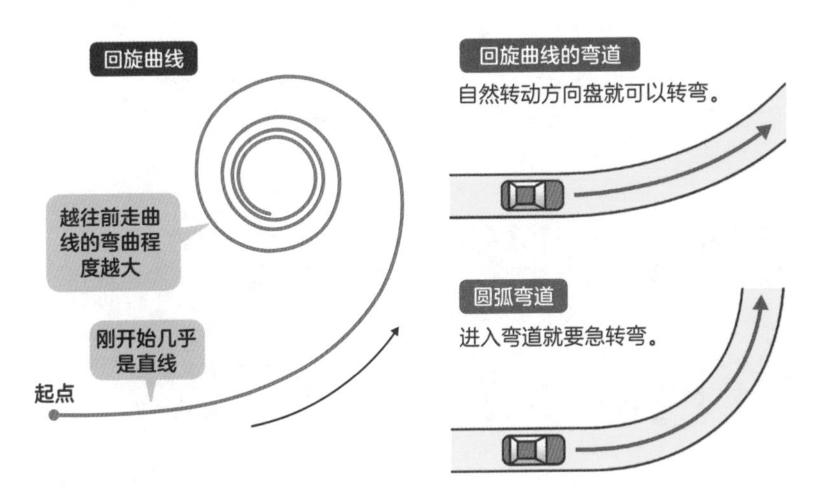

▶过山车的垂直弯道（图2）

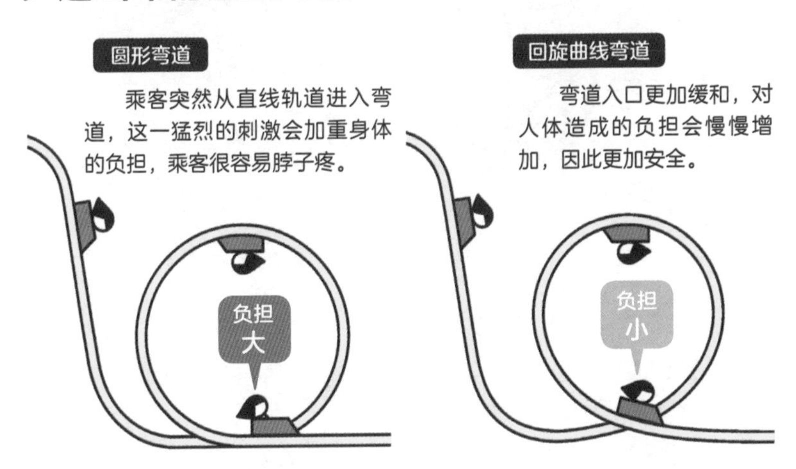

和算的解法

旅人算

旅人算是一个有关速度的问题。一类是要用多久能追上先出发的人的问题，还有一类是两人相向而行多久能见面的问题。据说在日本江户时代，每天能走48千米的人不在少数。

问 一名游客从东京出发前往京都，日行9里（1里等于0.5千米）。10天后，一个每天能走12里的飞毛腿动身去追他，问多久能追上?

要点

- 别忘了飞毛腿追的时候，游客也在走!
- 算算飞毛腿一天能追多少呢?
- 用两个人最初的距离除以飞毛腿每天能追上的距离!

解法

一天能走9里的游客在这10天里已经前进了90里。要是之后游客不动，那飞毛腿需要90里 ÷12里=7.5天，就能追上他，但是游客每天也在前进。

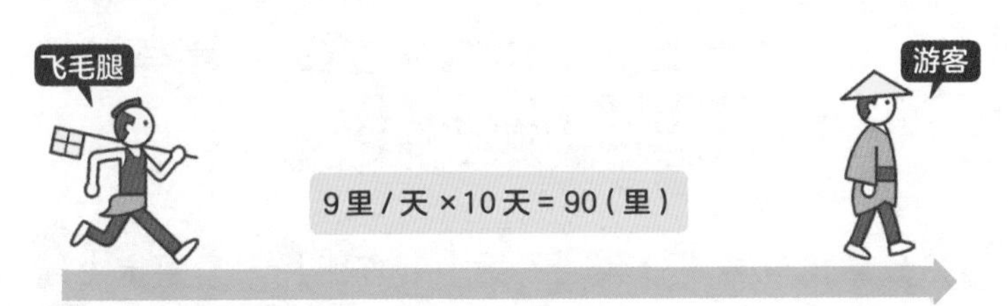

算算飞毛腿一天能追上多少。

12里/天 − 9里/天 = 3（里/天）

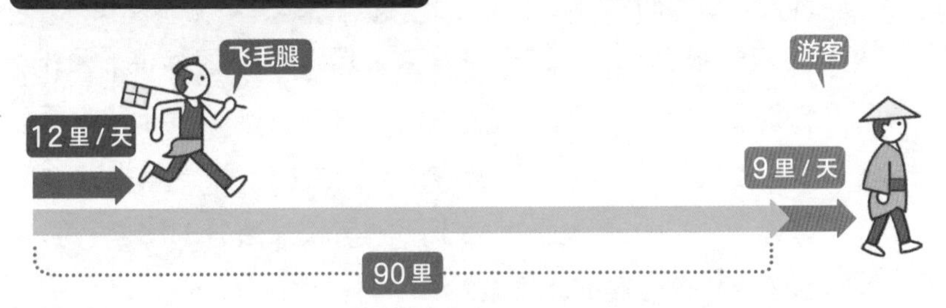

如上图所示，用两个人最初相差的距离（90里）除以一天可以追上的距离（3里），就可以算出需要几天可以追上了。

90里 ÷ 3里/天 = 30（天）

30天

其他问题和解法

当两人相对而行时，先算出两个人之间“一天可以接近的距离是多少”，再用两个人的距离除以两人每天接近的距离。如果游客和飞毛腿相距84里，游客每天前进9里，飞毛腿每天前进12里，那就是“84 ÷（9+12）=4（天）”。

38 美丽的比率——黄金分割比是什么？

［图形］

1∶1.618 是黄金分割比。根据这个比率我们可以画出黄金矩形和黄金螺线！

黄金分割比究竟是什么呢？黄金分割比**是人类感觉上最美丽的比率**。古代西洋的美术作品与建筑，如《米洛斯的维纳斯》和帕特农神庙就运用了这个比率（图1）。

黄金分割比的精确值为**1:（1+$\sqrt{5}$）÷2**，是一个无理数（第28页），有时候也会以φ这个符号来表示，近似值为1∶1.618或5∶8。欧几里得在其著作《**几何原本**》中用了“中外比”一词，将黄金分割比定义为“将一条直线一分为二，如果其中较大部分与整体部分的比值等于其较小部分与较大部分的比值，那么此时这条直线被分割的比率就是黄金分割比”。

长宽比为黄金分割比的矩形叫作黄金矩形。我们用直尺和圆规就可以轻松画出黄金矩形。如果从黄金矩形中剪去一个最大正方形的话，剩下的部分又会是一个黄金矩形。重复上述步骤，我们将会得到无数个黄金矩形，这就叫作**无限相似图形**。这时我们沿着每个正方形对角画一个圆弧的话，就会得到**黄金螺线**。像这样，黄金分割比也可以画出美丽的曲线。

黄金分割比中的美学奥妙

▶美术和建筑中的黄金分割比（图1）

《米洛斯的维纳斯》

1

1.6

从头顶到肚脐的长度与从肚脐到脚尖的长度之比为黄金分割比。

帕特农神庙

建筑物的高与宽之比为黄金分割比。

1.6

1

胡夫金字塔

1

高与宽之比为黄金分割比。

1.6

▶黄金矩形的作图与黄金螺线（图2）

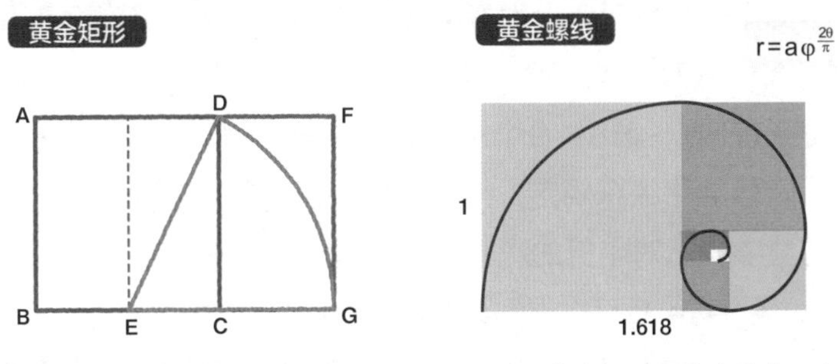

正方形ABCD，取BC的中点E，画一个以ED为半径的圆弧。BC的延长线与圆弧的交点为G，矩形ABGF即黄金矩形。

从黄金矩形中剪去最大正方形，之后用弧线连接各个正方形的对角，最后会得到黄金螺线。

39 日本美术里的小奥秘？什么是白银比？

[图形]

白银比广泛应用在日本美术、卡通角色和复印纸当中，其比值为1: $\sqrt{2}$。

说到美术，欧美习惯使用黄金比（第98页），而日本更喜欢使用**白银比**。比如日本**法隆寺的五重塔**和菱川师宣画的《**回首美人图**》都运用了白银比（图1）。除此之外，哆啦A梦和面包超人等日本卡通角色的身材比也都符合白银比。

白银比的精确值是**1: $\sqrt{2}$**，近似值是1：1.414或5：7。因为**黄金比可以绘制黄金矩形**，所以也可以在白银比的基础上使用尺子和电脑绘制白银矩形（图2）。

白银矩形的特征是在对等均分后可以得到其相似形。也就是说，只要进行2等分，就一定会得到白银矩形。笔记本和复印纸根据这一特性可以分为A类纸和B类纸（图3）。A类纸有A0、A1、A2、A3、A4、A5、A6、A7、A8共9个规格，依此类推；B类纸有B0～B8共9个规格，这两类纸都符合白银比。根据国际标准化组织规定，**纸张的统一尺寸基本分为A和B**，后面的数字表示对半折的次数，所以A0和B0表示全张（最大尺寸）。通过对半折可以得到其他规格的纸张。

其中，A3和B3、A4和B4等后面数字相同的复印纸之间也存在规律，**A类纸对角线的长度等于B类纸长边的长度**。

白银比中的美学奥妙

日本建筑和艺术中的白银比（图1）

法隆寺五重塔

第一层宽度与最后一层宽度之比为白银比（1∶1.4）。

1

1.4

回首美人图

上半身与下半身之比为白银比（1∶1.4）。

1

1.4

白银矩形作图（图2）

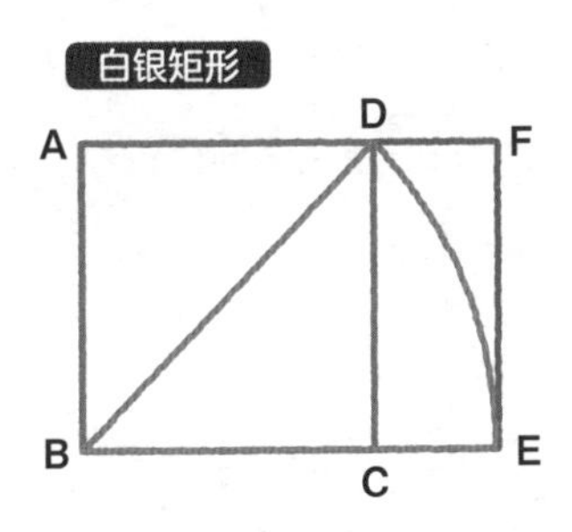

在正方形A、B、C、D当中，以BD为半径画圆，会在BC的延长线上得到一个点E。在E处画出CD的平行线并与AD相交于F点，连接A、B、E、F这4个点可以得到一个长方形，这就是白银矩形。

A类纸和B类纸（图3）

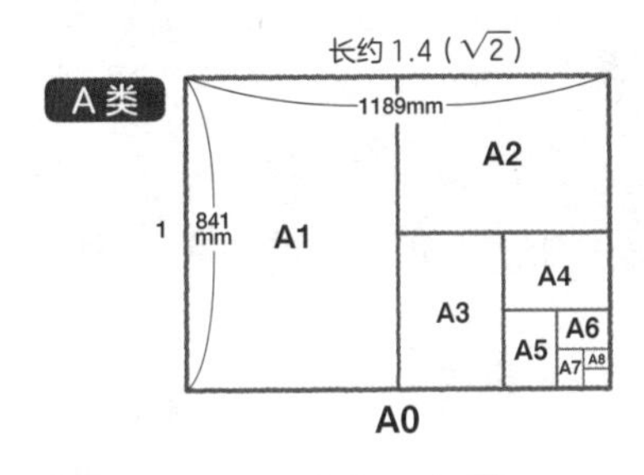

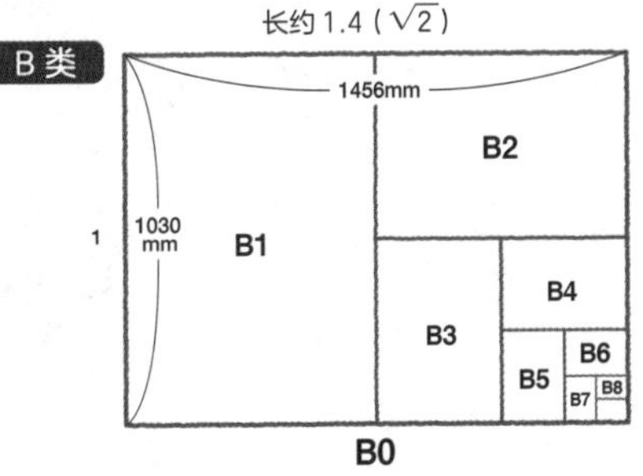

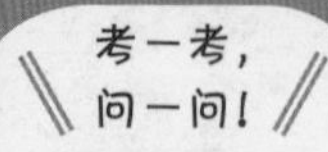

数学
谜题
3

狼、羊和白菜安全过河的方法是什么？

“过河问题”这一经典的数学问题是由8世纪的神学家阿尔昆提出的，后来广泛流传。

1 如图所示，有一个人想带着一只羊、一只狼和一棵白菜过河，这时他看到河里有一艘小船。

2 人可以划船过河，但是一次只能带一样东西。带着白菜过河的话，狼会吃羊，而带狼过河的话，羊会吃白菜。小朋友们，怎样才能把狼、羊和白菜安全送到河对面呢？

答案和解析

首先，我们开动脑筋想一想，人在过河的时候不能做什么呢？答案就是不能把“**狼和羊**”“**羊和白菜**”留下，但是没有说“**不能把带过去的东西再带回来**”。所以，关键就是转换角度，思考隐藏在题目中的“不被禁止的行为”是不是符合逻辑。

过河顺序是**先带着羊过河，再带着狼过河，之后把羊带回来，然后带着白菜过河，最后带着羊过河**。

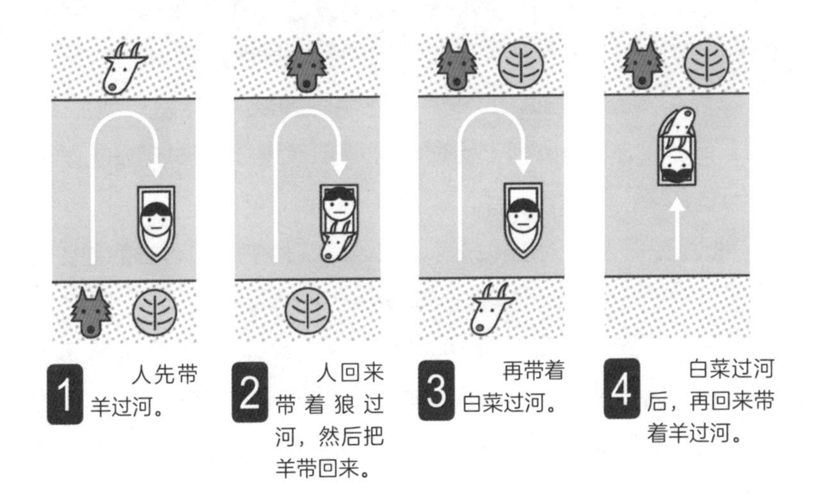

1 人先带羊过河。

2 人回来带着狼过河，然后把羊带回来。

3 再带着白菜过河。

4 白菜过河后，再回来带着羊过河。

除了这个方法，还可以调换运白菜和运狼的顺序，也可以安全过河。

40 [数学] 神秘的数字排列？什么是斐波那契数列？

前两项之和为下一项的数列，并且与黄金分割比关系密切！

所谓数列，就是一些数字按照某种规则进行排列。数列中的各个数字为**项**。最初的数字（**初项**）加上一个固定的数（**公差**），依次连续下去的数列就是**等差数列**。初项乘以一个固定的数（**公比**），依次连续下去的数列就是**等比数列**。例如“1、2、3、4”这个数列，其中各个数字均为项，1作为初项加上1连续下去形成等差数列。初项1乘以2依次连续下去形成的“1、2、4、8”就是等比数列。

既不是等差数列也不是等比数列的数列中，最有名的要数斐波那契数列。斐波那契数列是按照“1、1、2、3、5、8、13、21、34、55、89……”连续排列下去的数列。意大利数学家斐波那契利用斐波那契数列来说明兔子的繁殖方式问题（图1）。这个数列从第三项开始，**每一项都等于前两项之和**。数列中出现的数字也被称为斐波那契数。

斐波那契数列具有不可思议的性质，植物的枝条、花瓣和树叶的萌芽都蕴含着斐波那契数列（图2），并且随着数列项数的增加，**相邻两项之比会越来越接近黄金分割比1.618**，因此斐波那契数列也被视为神秘的数字。

斐波那契数列展示的自然法则

▶兔子的繁殖方式问题（图1）

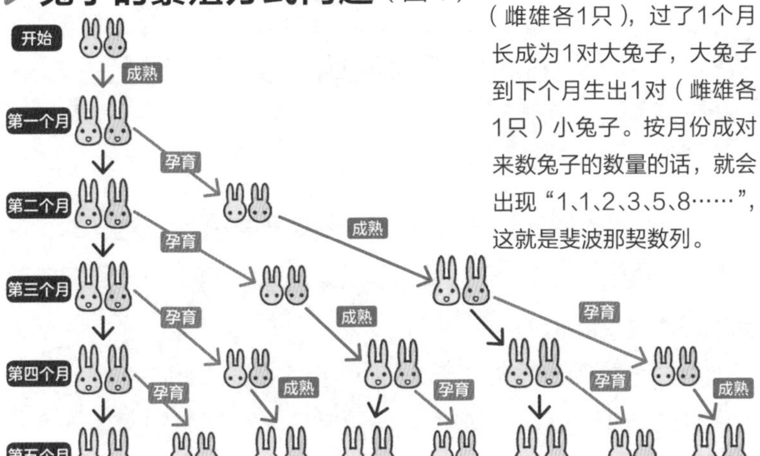

开始时有1对小兔子（雌雄各1只），过了1个月长成为1对大兔子，大兔子到下个月生出1对（雌雄各1只）小兔子。按月份成对来数兔子的数量的话，就会出现“1、1、2、3、5、8……”，这就是斐波那契数列。

▶枝条萌发与斐波那契数列（图2）

大多数的树木都是按照斐波那契数列的规律吐露新芽。

莱昂纳多·斐波那契

（约1170—约1250）

意大利数学家，著有《计算之书》，将阿拉伯数字和位值制记数法引进了欧洲。

41 亚里士多德轮子悖论是什么？

[图形]

"同心圆的圆周长明明不相等，看上去却一样长"的悖论！

"所有圆的周长长度都相等"，其实事实并不是这样的，但是有一个反论证实了这一点，那就是从公元前就为人所知的**亚里士多德轮子悖论**。该问题如下：

有两个直径不同的车轮（圆），将大车轮A和小车轮B的圆心固定在一起，使之变成同心圆（共有一个圆心的两个以上的圆）。此车轮在地面上滚动一圈，车轮A底部的点走过的长度与其圆周长相等。由于车轮B和车轮A固定在一起，它们就会一同向前运动。此时，**车轮B底部的点走过的长度看起来与车轮A走过的长度相等**（图1），但是车轮A和车轮B的圆周长显然是不同的，与上述现象发生了矛盾。这是怎么一回事呢？

虽然这个悖论有好几种解法，但如果我们能够注意到，车轮A底部的点的运动轨迹**并非是直线，而是摆线**（第92页）的话，问题就迎刃而解了。车轮B底部的点的轨迹是圆内（或圆外）所画的一条平缓曲线（**次摆线**）。比较这两条曲线，我们就能一眼看出，车轮A的运动轨迹比车轮B要长（图2）。

悖论的谜底

▶亚里士多德的轮子悖论（图1）

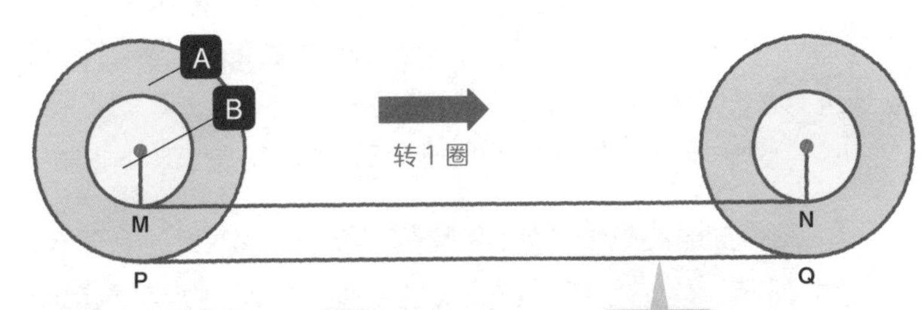

车轮A和车轮B组成了两个同心圆，它们转动1周时，圆A底部的点P移动到点Q，圆B底部的点M移动到N。线PQ的长度是圆A的圆周长，与线MN的长度相等，但圆A与圆B的圆周长应该不等，故而出现了矛盾。

▶悖论的解法（图2）

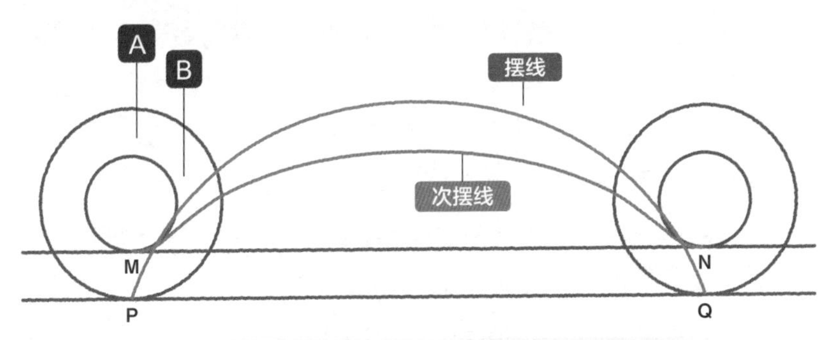

点P和点M各自运动画出的轨迹是不同的弧线，两条弧线的长度，分别与两个圆的圆周长相等

42 如何测量船的行进路线？

［图形］

15世纪大航海时代是用等角航线测量，现在是利用大圆航线测量。

船行进时的航线是如何测量的呢？先不说在GPS等技术发达的现代，在15世纪左右的**大航海时代**，人们是怎样让船行驶到目的地的呢？

当时，远距离的航海已经得以实现，葡萄牙数学家**佩德罗·努内斯**在1537年发现了**等角航线**。行进的航线始终与地球上的**经线（贯通地球两极的南北方向的线）以一定的角度相交，这条航线就叫作等角航线**。如果目的地与**罗盘**所指方向一致，那么保持这个方向前进就可以了。

从日本东京乘船横越太平洋到美国旧金山时，由于两个城市的纬度基本相同，所以前进方向只要一直保持向东就能到达目的地（图1）。在经线和纬线（与赤道平行的东西方向的线）相交呈直角的**墨卡托投影**地图中，等角航线就是一条直线，但在现实中等角航线却是一条曲线，并非连接地球上两点之间的最短距离。因此，为了节约航行所需燃料和时间，现在的飞机或船只在长距离航行时，其航线不再使用等角航线，而是使用**大圆航线**（图2）。大圆航线是连接地球上两个点的最短路程，可以利用GPS等科技手段确认当下位置是否偏离航线，所以通常需要**一边修正方向一边行进**。

等角航线和大圆航线的异同

▶从日本东京到美国旧金山的航线（图 1）

根据墨卡托投影法绘制的等角航线是一条直线，而大圆航线是一条曲线，但实际上大圆航线才是最短的距离。

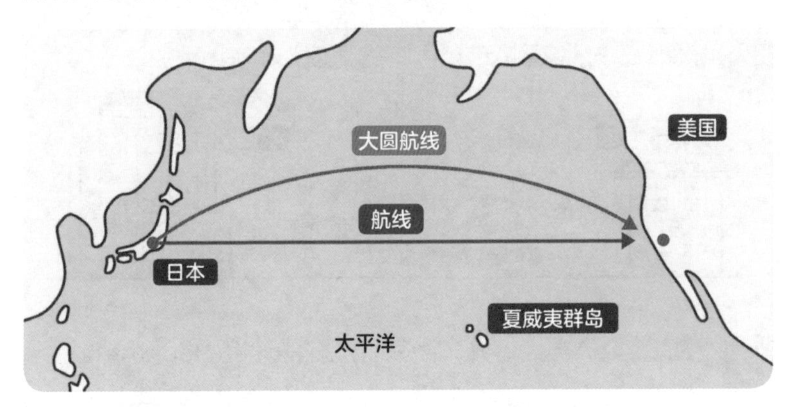

▶在地球上看到的等角航线和大圆航线（图 2）

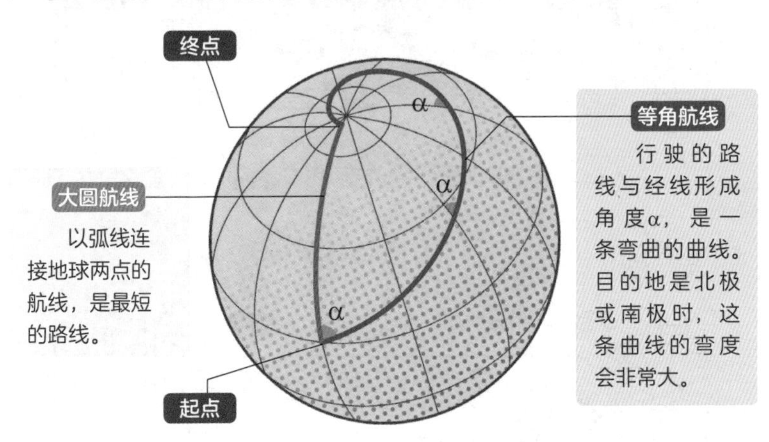

考一考，问一问！

数学谜题 4

考查逻辑思维能力的往返平均速度问题

这道题的计算方法虽然很多，但算错的人也不少。使用符合逻辑的思维方式，就可以得到正确答案。

1 太郎开车从家到A市。汽车的速度为40km/h。

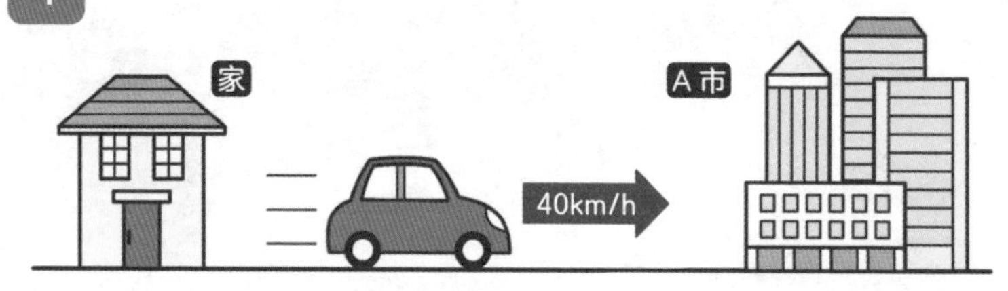

2 太郎到达A市后，开车回家。汽车的速度为60km/h。

3 太郎回家的车速与到A市的车速不同，那么太郎开车的平均速度是多少？

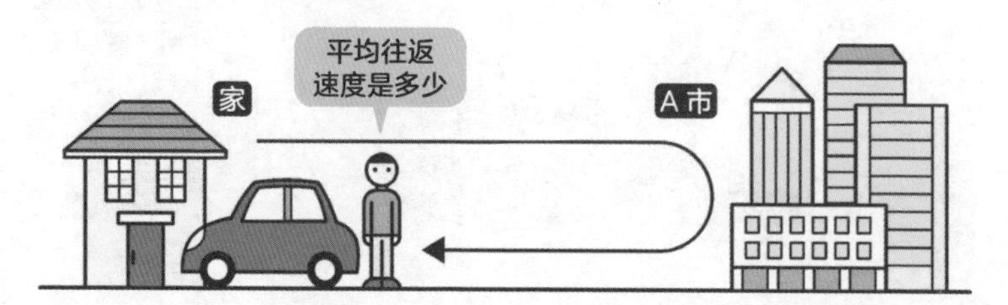

答案和解析

去时的速度是40km/h，返回时的速度是60km/h，那么往返的话就是除以2，平均速度是50km/h。你是想这样回答吧？但这个答案是错误的。为什么呢？

这道题的已知条件中没有距离和时间。速度通过距离除以时间可以求得，只有在时间一样的情况下，平均速度为50km/h才成立。因为从家到A市的距离是固定的，所以让我们假设距离为120km来计算一下吧。

去时所用时间

120km÷40km/h=3h

返回时所用时间

120km÷60km/h=2h

也就是说，往返的距离是120km×2=240km，所用时间是3h+2h=5h。由此可得平均速度是240km÷5h=48km/h。

所以正确答案是48千米/时。

即使假设从家到A市的距离是150km，那么去时所用时间就是3.75h，返回时所用时间是2.5h，往返平均速度是300km÷（3.75+2.5）h=48km/h，所以正确答案仍然是48km/h。

43 为什么海螺的贝壳是螺旋形状的?

[图形]

因为对数螺线的形状，可以在不改变其整体形状的情况下让它更有效率地生长。

不仅旋涡是一圈一圈打旋的**螺旋**形状，在自然界中，海螺、山羊角等也是螺旋的形状，这里面有什么数学上的意义吗?

螺旋线有多种类型，但在**自然界中最常见的一种螺线叫作对数螺线**。对数螺线也叫**等角螺线**，意思是**从中心伸出的直线与相交点的切线之间的夹角总是不变的**(图1)。后来**数学家雅各布·伯努利**对它进行了深入研究，所以它又被称为伯努利螺线。对数螺线具有**自相似性**，也就是说把对数螺线缩小也好，拉伸也好，不管发生什么变化，最后它仍然能恢复成原来的螺旋形状。

鹦鹉螺等海螺的贝壳也是对数螺线。据说这是因为海螺在生长时贝壳也会扩大，**所以用同样比例来扩大贝壳会更有效率，而且也不会改变其整体的形状**。

如果它生长的角度不同，就会在外壳上产生缝隙，从而导致其整体形状的改变。在哺乳动物的角、植物藤蔓的缠绕、气旋和星系的螺旋、猎鹰的盘旋中也能看到对数螺线(图2)。

另外，对数螺线与黄金螺线(第98页)虽然很相似，但它们属于不同种类的螺线，所以表达公式也有所不同。

自然界中的神秘螺旋

▶对数螺线（图1）

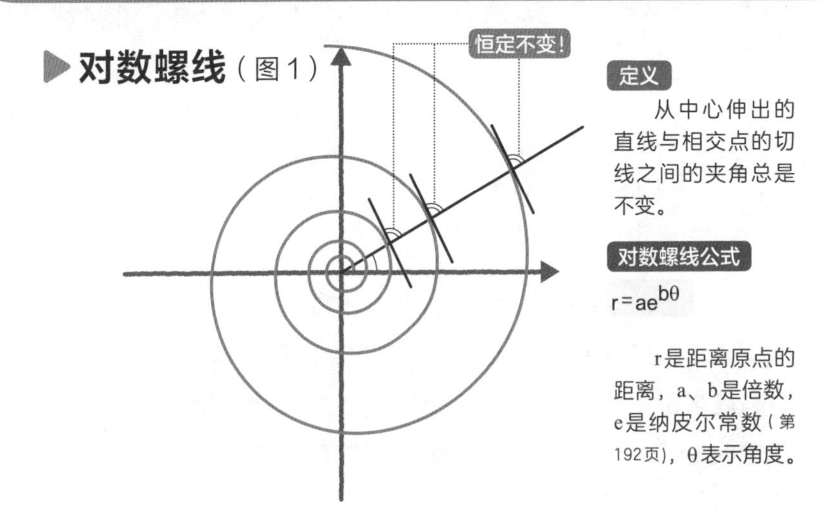

定义

从中心伸出的直线与相交点的切线之间的夹角总是不变。

对数螺线公式

$r=ae^{b\theta}$

r是距离原点的距离，a、b是倍数，e是纳皮尔常数（第192页），θ表示角度。

▶自然界中存在的对数螺线（图2）

对数螺线无论是缩小也好，拉伸也好，不管它发生什么变化，都不会改变整体形状，因此我们才能够发现它在自然界中到处存在。

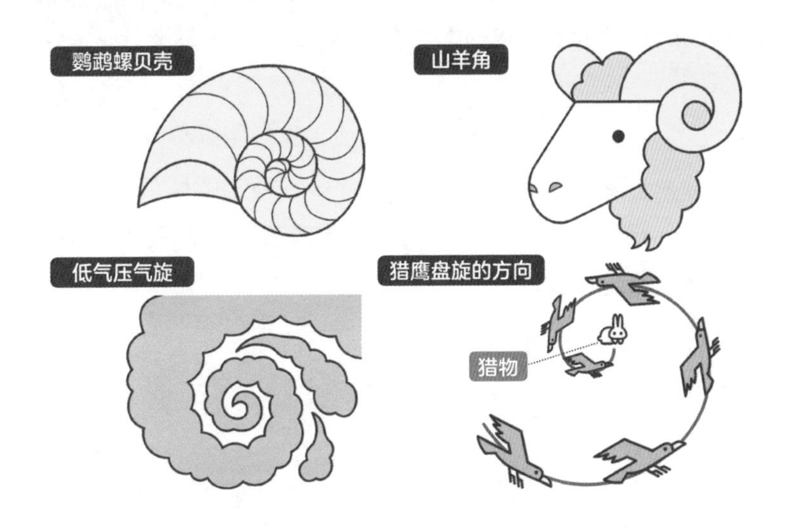

44 螺线有哪些种类？

[图形]

在代数螺线中，除阿基米德螺线外，还存在着种类繁多的螺线。

除了上一节提到的对数螺线外，还有很多种类的螺线，其中最具代表性的就是公元前225年由古希腊数学家阿基米德提出的**阿基米德螺线**。阿基米德螺线形似蚊香，旋涡间距等长，用数式$r=a\theta$表示。其中r表示从原点开始的距离，a表示倍率（常数），θ表示角度。

我们把向外运动时，随着角度增大，旋涡间距减小的螺线称为**抛物螺线**，用数式$r=a\sqrt{\theta}$表示。在此基础上，17世纪数学家费马将两个抛物螺线在原点处平滑相连，定义为**费马螺线**，用数式$r^2=a^2\theta$表示。**双曲螺线**用$r\theta=a$表示，即指随着螺线弧度的增大，旋涡间距变窄，原点附近的曲线密度变大。**连锁螺线**用$r\sqrt{\theta}=a$表示，即指随着角度变大越来越接近原点的螺线。

以上的螺线由于用**代数式**（将数字、文字用加、减、乘、除、乘方和开方几种演算方式组合而成的数式）表示，所以统称为**代数螺线**。因此，包含纳皮尔数（第192页）的对数螺线不包含在代数螺线中。

代数螺线的种类

▶代表性的代数螺线

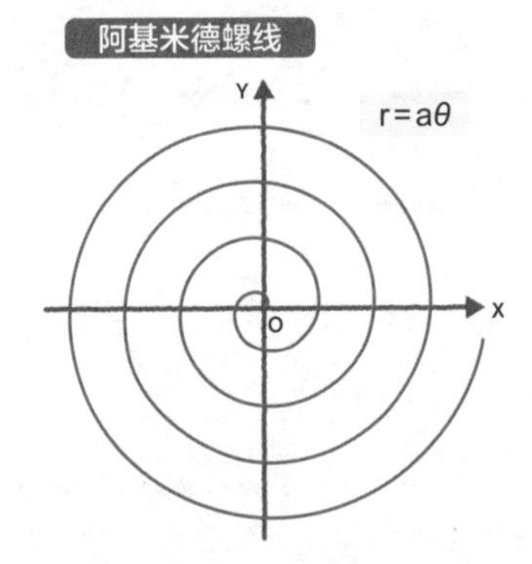

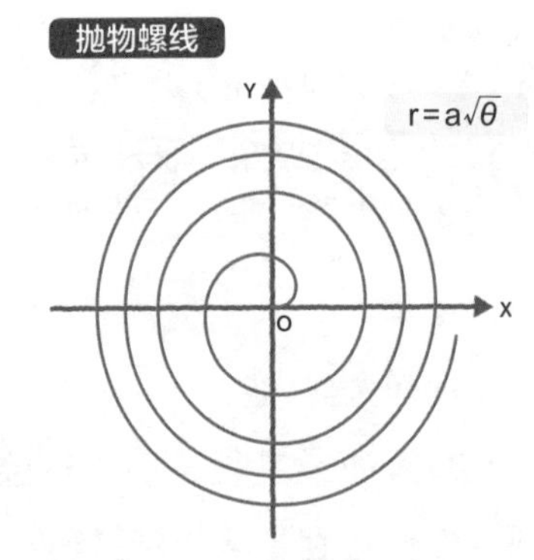

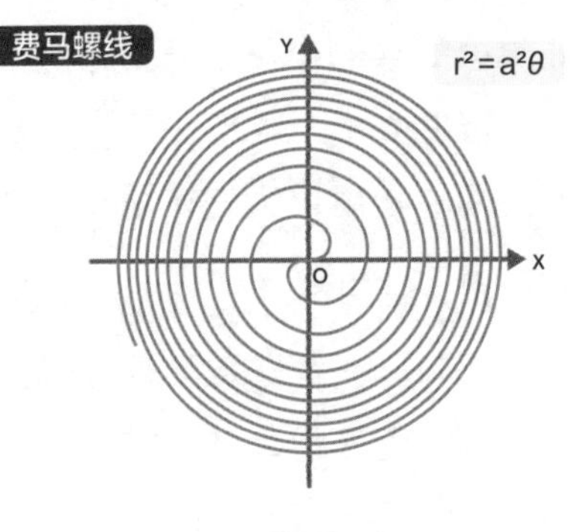

11

了不起的数学家！

皮埃尔·费马
（约1607—1665）

法国数学家。主业为法官，闲暇时研究数学，凭借费马大定理享誉全球。

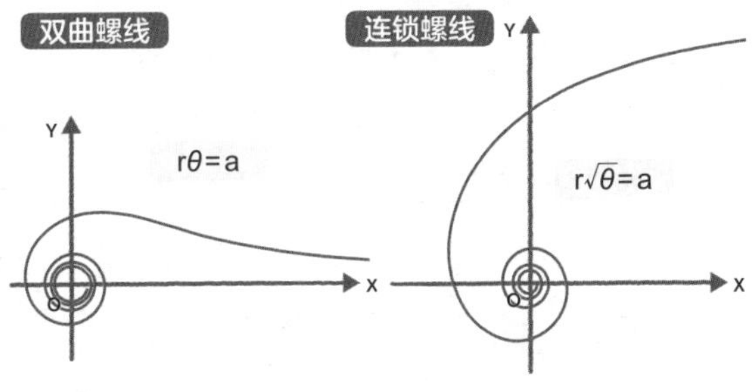

45 [图形] 怎样才能让一个盒子里尽可能堆满小球？

六边形的堆积方式密度最高！这个数学证明前后历时数百年！

在一个盒子里装填相同大小的小球，什么样的装填方式可以使小球数量最多？

有人通过实验发现小球经适当装填后，密度**大约有65%**。那么如何达到更高的密度呢？可以将第一层的小球摆成六边形。如果第二层的小球摆在第一层小球构成的“凹陷”中，然后其他层以此类推，就可达到**最大密度**。当小球堆到第三层之后会产生两种密度最大的堆法，分别是**六方最密堆积**和**面心立方最密堆积**，结果都是 $\frac{\pi}{\sqrt{18}}$，**约等于0.74**（下图）。

1611年，德国数学家**开普勒**认为：“在每个球大小相同的状况下，没有任何装球方式的密度比面心立方与六方最密堆积要高。”但**开普勒猜想难以得到证明**，成为一桩历史悬案。1998年，美国数学家**托马斯·黑尔斯**使用计算机几乎证明了开普勒猜想，但由于计算机无法保证所有计算均为正确的，数学界也只能认定他“**99%正确**”。因此，黑尔斯使用了一款特别的软件，向最后的1%发起挑战，最终于2014年**完全证明**了这一猜想。

如何堆球才能保证密度最大?

▶六方最密堆积与面心立方最密堆积

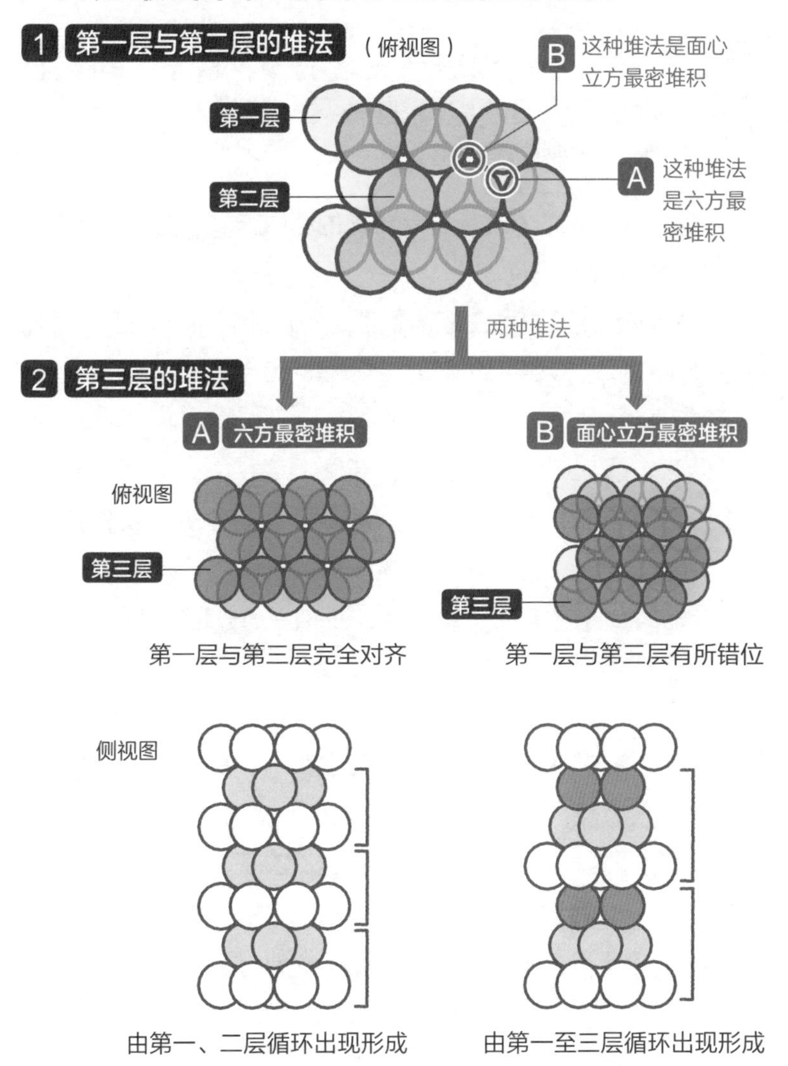

46 [数学] 表示集合？文氏图的含义和思考方式

文氏图是用以表示集合的一种图形，可以直观地表示集合之间的关系，非常易于理解！

表示A还是B、A或是B等含义的图叫作**文氏图**。这在数学上指的是什么呢？

首先，**集合指的是在某种条件下可以明确划分的元素的集体**。例如“1～10中2的倍数”这个集合包含以下元素：2、4、6、8、10。

再者，假设“1～10中2的倍数”为A，“1～10中3的倍数”为B，那么6既属于A，又属于B，它就是**公共部分**，记作“$\boldsymbol{A\overset{\text{交}}{\cap}B}$”。此外，由所有属于集合A和属于集合B的元素所组成的集合，叫作**A、B的并集**，记作“$\boldsymbol{A\overset{\text{并}}{\cup}B}$”。在A或B的上方加一条横线（—），则表示否定含义，意味不属于A或不属于B的部分。

集合上有一个很有名的**德·摩根定律**，是指“$\overline{A\cup B}=\overline{A}\cap\overline{B}$”和“$\overline{A\cap B}=\overline{A}\cup\overline{B}$”。文氏图就是将集合的关系以图形表现出来（图1），它有助于理解德·摩根定律。另外，文氏图还有助于理解**二进制**（第30页）**算法（逻辑代数）**。在二进制算法中，加减乘除无法使用，所以要进行**逻辑与**、**逻辑或**和**逻辑非**这三种基本运算（图2）。逻辑代数现在已成为构建计算机数据结构的理论基础。

文氏图帮你理解集合

▶用文氏图表示德·摩根定律（图 1）

借助文氏图更易于理解德·摩根定律。

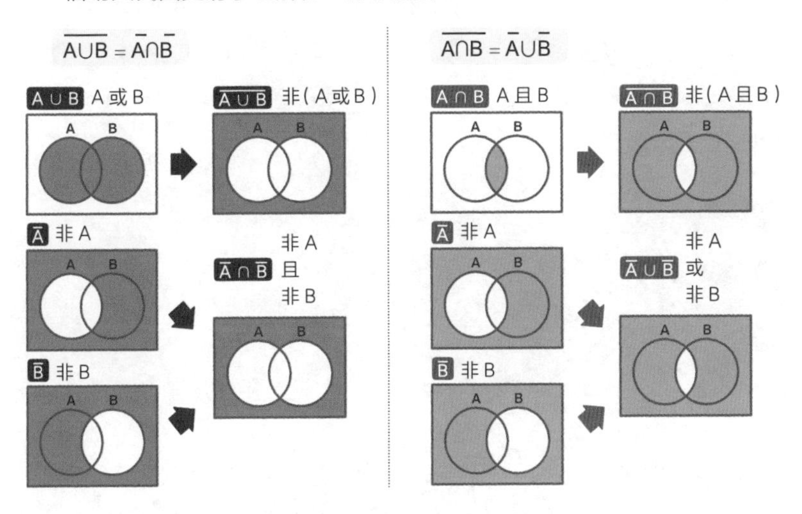

▶用文氏图表示逻辑代数（图 2）

逻辑与

只有当两个数均为1时，记作1

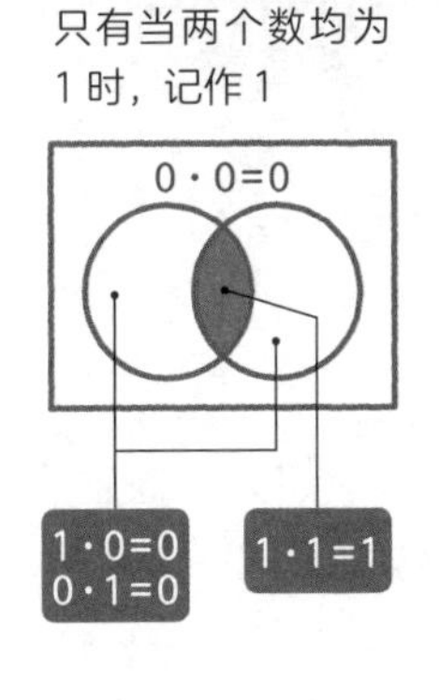

逻辑或

两个数中的任意一个为1时，记作1

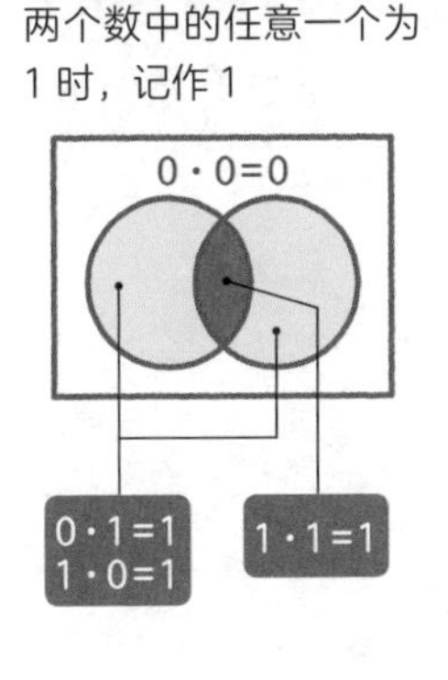

逻辑非

表示与逻辑与、逻辑或相反的部分

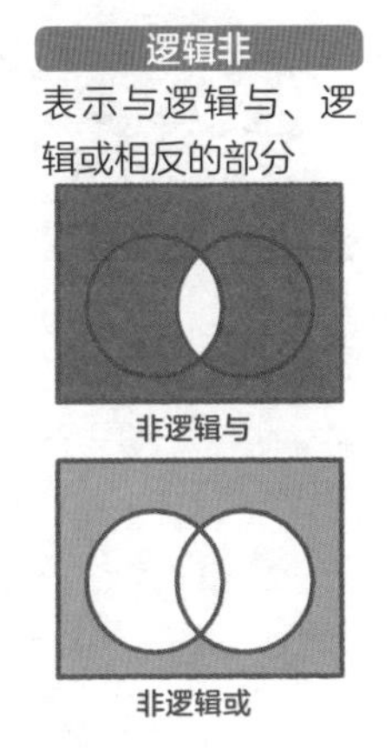

和算的解法

俵杉算

江户时代，日本人用草袋（日语中写作“俵”）来储存大米。装满米的草袋堆成金字塔形状，这个形状很像杉树，因此被称为杉形。这样堆积成杉形的米袋一共有多少呢？这一问题的计算方法叫作俵杉算。江户时代，年贡以米为主，对那时的人们来说，俵杉算是一种不可或缺的计算方法。

草袋堆积形成三角形。最底层有13袋，
最顶层有1袋，一共有多少袋?

小贴士

- 将三角形上下颠倒，与原来的三角形排列起来试试!
- 想一想倒数第2层有多少草袋!
- 想一想一共有几层草袋!

解法 将草袋堆积形成的三角形上下颠倒，与原来的三角形排列起来，就能得到一个底边有14个草袋，高13个草袋的平行四边形。计算该平行四边形的面积，即可算出一共有多少草袋。

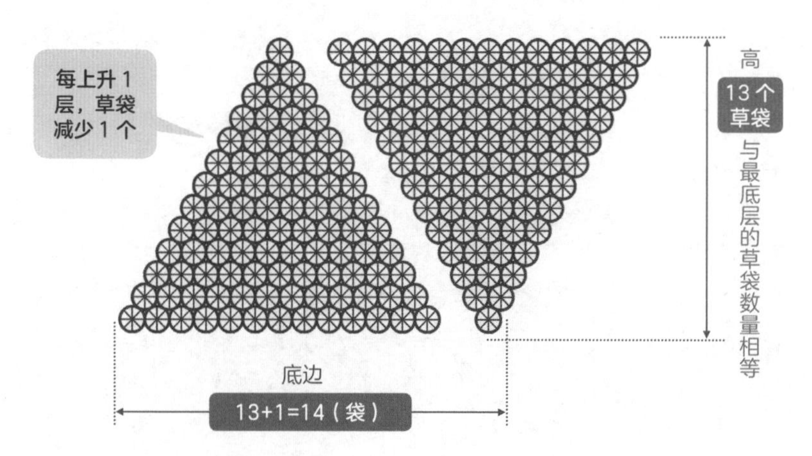

草袋数量：14×13=182（袋）

将该结果除以2，就得到正确答案。

182÷2=91（袋）

91袋

其他问题&解法

草袋堆积形成梯形，最顶层有5袋的情况下，可以将其看作1个底边有13+5=18个草袋，高为13−4=9个草袋的平行四边形。因此，答案是18×9÷2=81（袋）。

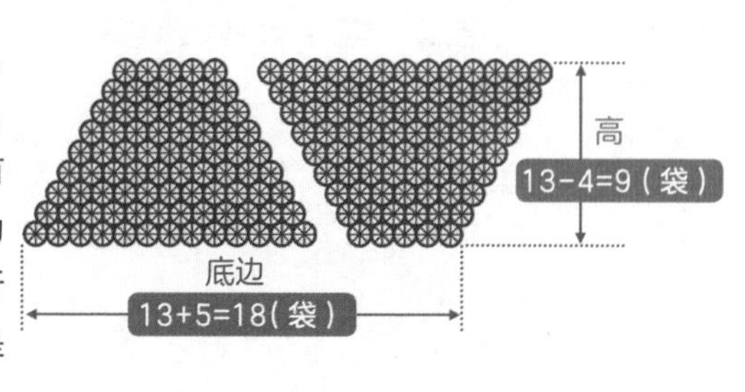

写就5万页的论文?！终极数学爱好者

莱昂哈德·欧拉

（1707—1783）

莱昂哈德·欧拉是18世纪伟大的数学家之一。他出生于瑞士巴塞尔，曾师从发现悬链线的约翰·伯努利学习数学，能力出众。20岁时，欧拉在俄罗斯圣彼得堡成为科学院教授。28岁时因重病和用眼疲劳过度，导致右眼失明。

34岁时欧拉移居德国，25年后他再次回到圣彼得堡。64岁时，欧拉的左眼也失明了，但他依然没有丧失研究的热情。他说："我的注意力不会分散了。"欧拉凭借令人惊叹的记忆力口述记录下众多有价值的论文，直到76岁去世那一天，他还在不停地进行数学运算。欧拉留下的论文和著作近560部，被称为"人类历史上论文最高产的数学家"，给后世留下了深刻影响。

据说，1911年出版的《欧拉全集》共有70多卷，总页数超过5万页。

欧拉在数学的各个领域都取得了巨大的成就，例如，研究纳皮尔常数（第192页），发现多面体欧拉定理、欧拉恒等式，推导与质数相关的公式等，是名副其实的伟大的"终极数学爱好者"。

第3章

异想天开！奇妙的数学世界

无限、概率、三角比……

其中隐藏着奇妙莫测的数学世界。

走进这个奇妙的数学世界，

会改变我们认识世界的方式。

让我们带着快乐的心情，

去解决其中的难题吧！

47 [图形] 只用正方形来分解一个图形？什么是“完美的正方形分割”？

这是一种用大小不同的正方形来分割正方形和长方形的一种方法。

有一道数学谜题，就是将矩形分解成正方形。将一个矩形分解为若干边长为整数、大小各不相同的正方形，这类图形被称为**完美矩形**。

1925年，波兰数学家**莫伦**最早发现了完美矩形。他将一个长为33个单位长度，宽为32个单位长度的长方形分解为9个正方形（下图上），这也是最小的完美矩形。此外莫伦还发现了一个长为65个单位长度，宽为47个单位长度的长方形，并通过将其分解成为10个正方形，确认其为完美矩形。

另外，虽然将正方形分解为正方形本身并不难，但如果要求分解出大小都不同的正方形，那么正方形就比长方形更难分解。数学界一度认为完美正方形并不存在，但是1940年**美国三一学院的四名大学生发现了第一个完美正方形。他们将该正方形分解为69个大小均不相同的正方形**，并在后来把正方形的数量减少到39个。1978年，荷兰数学家**杜伊维斯廷**利用计算机发现了**一个边长为112个单位长度的完美正方形，该图形能被分解为21个正方形**（下图下）。这是目前已知最小的完美正方形。

将长方形或正方形分解为正方形

最小的完美长方形和完美正方形

长方形 （长为33个单位长度，宽为32个单位长度）

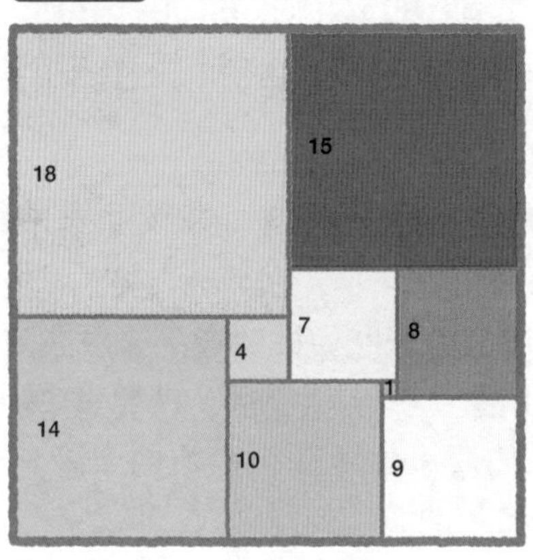

分解出的9个正方形的边长分别为1、4、7、8、9、10、14、15、18。

正方形 边长为 112 个单位长度

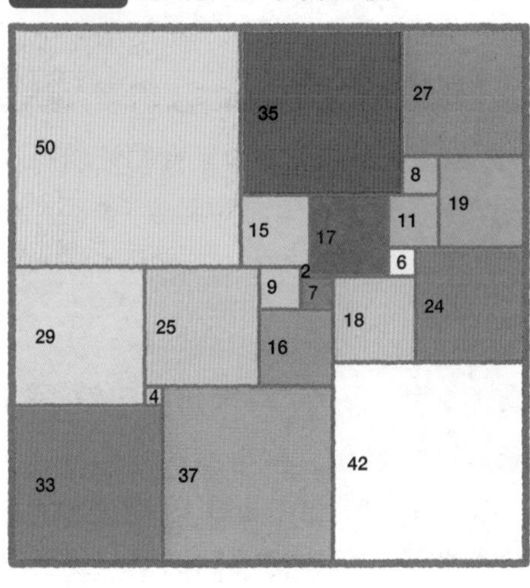

从左上角起依次可分解成边长为50、35、27、8、19、15、17、11、6、24、29、25、9、2、7、18、16、42、4、37、33的正方形，共21个。

48 [图形] 道路标志中的“陡坡”代表什么意思?

表示车辆在坡道上前进 100 米时海拔的增高值。坡道的倾斜程度是由三角比计算出来的!

道路标志中有一种标志是由“**有陡坡**”和“%”来表示的，那么这里的“%”代表什么数值呢?

这个“%”**代表车辆前进100米时海拔的增高米数或降低米数**。也就是说，如果标志上显示“坡道10%”，就代表车辆每前进100米，车辆所在地点的海拔高度就比初始地点高10米(图1)。

另外，从这个标志中，我们也可以通过数学中的**三角比**计算出坡道斜面角度。在直角三角形中，假设用a、b、c来代表三角形的三边长度，并且用θ(西塔)来表示左下角的角度(倾斜度)，那么就可以运用**sin(正弦)$\theta=\frac{b}{a}$、cos(余弦)$\theta=\frac{c}{a}$、tan(正切)$=\frac{b}{c}$**来进行计算。古希腊天文学家**喜帕恰斯**对这种三角比进行了研究，并总结出了一张三角比对照表(图2)。通过这张表，我们可以找到对应的三角形的角度。

比如说坡度5%的情况下，tanθ就是$\frac{5}{100}$=0.05；坡度10%的情况下，tanθ就为$\frac{10}{100}$=0.1。如果在喜帕恰斯的三角比对照表中寻找与其最相近的数值，就会发现与tan0.05最相近的θ为3度(tan0.0524)、与tan0.1最相近的θ为6度(tan0.1051)。由此，我们可以推算出**坡度5%的倾斜角度约为3度，坡度10%的倾斜角度约为6度**。

坡道坡度和三角比的关系

▶坡度 10% 的坡道（图 1）

车辆每前进100m，所在地点的海拔高度比初始地点高10m的坡道。

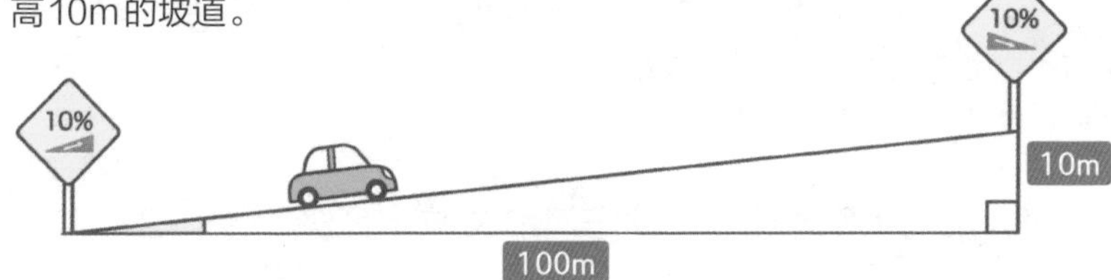

▶三角比与三角比对照表（图 2）

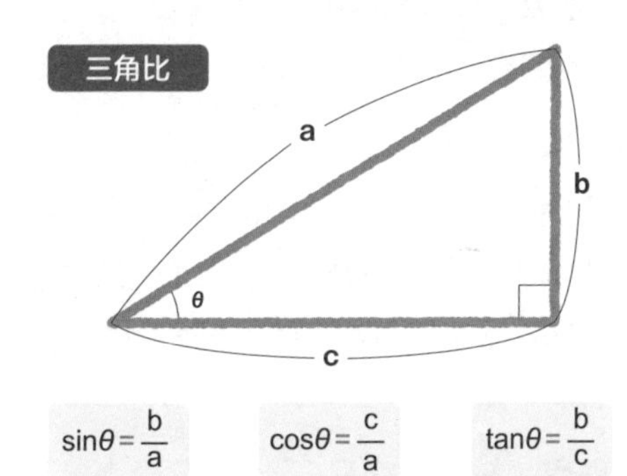

$\sin\theta = \frac{b}{a}$　　$\cos\theta = \frac{c}{a}$　　$\tan\theta = \frac{b}{c}$

➡ 如果知道b和c的长度，就可以根据三角比对照表求出θ的角度！

例

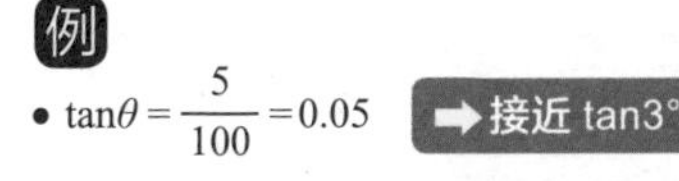

- $\tan\theta = \frac{5}{100} = 0.05$　➡接近 tan3°
- $\tan\theta = \frac{10}{100} = 0.1$　➡接近 tan6°

三角比对照表

θ	tanθ
1°	0.0175
2°	0.0349
3°	0.0524
4°	0.0699
5°	0.0875
6°	0.1051
7°	0.1228
8°	0.1405
9°	0.1584
10°	0.1763
30°	0.5774
45°	1.0
60°	1.7321

※部分tanθ的数值已四舍五入至小数点后4位。

49 正弦定理？余弦定理？到底是求什么的定理？

［图形］

正弦定理和余弦定理是求三角形边长和内角度数的重要定理！

导出三角形边长的正弦定理和余弦定理分别是什么样的定理？

正弦是三角比（第126页）**sin的意思**，它表示“三角形内角的正弦值sin和这个内角所对边长的比都是一定的”，“三角形的各边和它所对角的正弦值sin的比等于外接圆的半径的2倍”。

在**正弦定理**中，（图1左）这样的公式成立，可以根据三角形的一条边长和其两端的两个角求出其余两条边长。**正弦定理可以应用于三角测量**，例如，我们可以测量地球到月球和其他星球等天体的距离（图2）。

余弦是三角比cos的意思，三角形ABC的边为a、b、c，则“$a^2=b^2+c^2-2bc\cos A$”成立（图1右）。在**余弦定理**中，只要知道三角形的2条边长和其夹角的度数，就能求剩下的1条边长。例如，可以求相隔很远的A和B两点之间的距离。另外，使用余弦定理，如果知道3条边的长度，就能求三个内角的度数。

使用正弦定理计算地球到其他星球之间的距离

正弦定理和余弦定理（图1）

正弦定理

以下等式成立即为正弦定理。

$$\frac{a}{\sin A}=\frac{b}{\sin B}=\frac{c}{\sin C}=2R$$

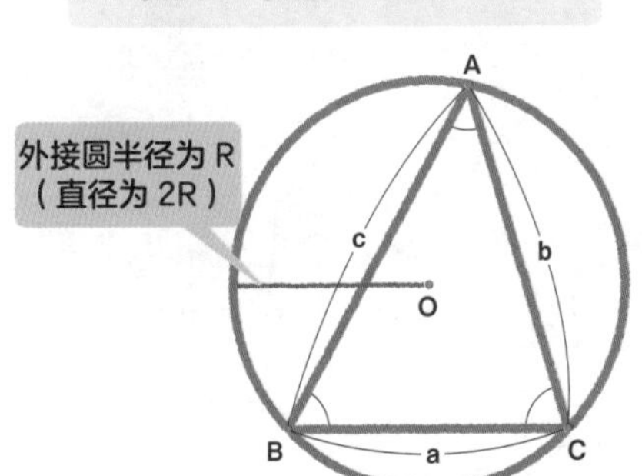

余弦定理

以下等式成立即为余弦定理。

$$a^2=b^2+c^2-2bc\cos A$$

$$b^2=c^2+a^2-2ca\cos B$$

$$c^2=a^2+b^2-2ab\cos C$$

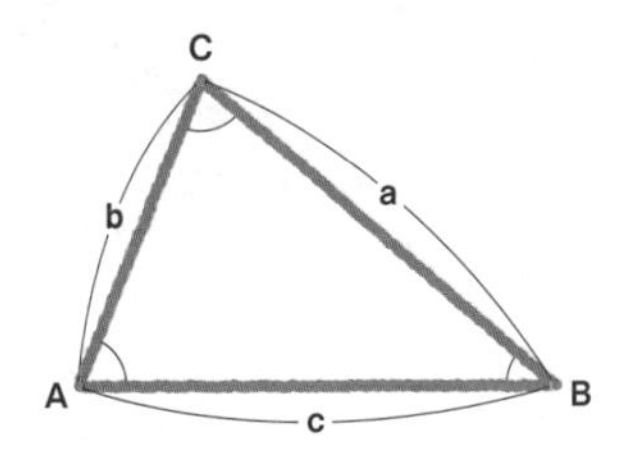

根据正弦定理求地球到其他星球距离的方法（图2）

如果知道地球的公转直径a、∠A、∠C，就可求得到其他星球的距离c。

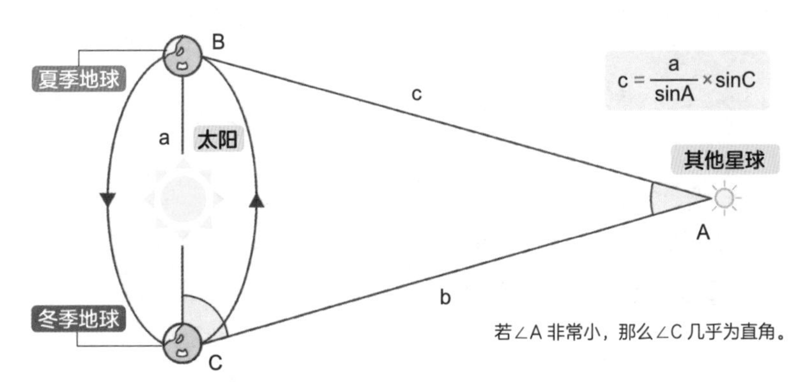

$$c=\frac{a}{\sin A}\times\sin C$$

若∠A 非常小，那么∠C 几乎为直角。

考一考，问一问！

数学谜题 5

撕坏的纸是第几页？竟然知道总和问题

这是一道奥数比赛中出现的问题。通过计算总和，即使只有少量信息也能猜出页码。

1本书只有1页纸撕坏了，把没有撕坏的页码全部加起来等于25001，那么撕坏的是第几页？

答案和解析

这道题需要对所有的数进行求和，也就是计算总和。说到求和，这与俵杉算（第120页）的思路相同。总和的计算公式如下：

$$1+2+3+4+\cdots\cdots+N=\frac{1}{2}N(N+1)$$

因为坏掉的只有一张，所以页码分为正面和背面两种。而且，后续页码都应如此。假设页码数为X、X+1，总页数（最后1页页码数）为N，总和的计算公式为：

答案和解析

$$\frac{1}{2}N(N+1)-X-(X+1)=25001$$

整理算式 ➡ $\frac{1}{2}N(N+1)=25001+2X+1$

两边乘以2 ➡ $N^2+N=50004+4X$

整理 ➡ $N^2=50004+4X$ ➡ 远远小于50004

因为N（总页数）和4X（坏掉页码的4倍）是比N^2（总页数的平方）和50004（约总和的2倍）更小的数字，所以总页数的平方约为50000。

$$N^2\approx50000$$
$$N\approx\sqrt{50000}\approx223.6$$

也就是说这本书的总页数大约为223页或224页。

N=223时，$\frac{1}{2}(223^2+223)=24976$

比25001小，所以矛盾。

N=224时，$\frac{1}{2}(224^2+224)=25200$

因为没有撕坏的页数总和是25001，撕坏的页码的和是2X+1，总页数的和是25200，

25001+2X+1=25200

2X=25200−25001−1

X=99。

由此可以得知，**撕坏的页数是第99页和第100页**。

50 可以一笔画成的图形——欧拉图是什么？

[图形]

一笔画问题和证明哥尼斯堡城七桥问题。如果顶点的数量是偶数，可以一笔画成！

18世纪初，在欧洲有一个城市叫作**哥尼斯堡城**（现位于俄罗斯西部）。城市里有一条河流，河流上架有7座桥。一天，城市里有人提出了这么一个问题：**从任意地点出发，把这7座桥全部走一遍，能回到最初的地点吗？**（图1）

瑞士数学家**欧拉**将这个“**哥尼斯堡城七桥问题**”用点和线进行了图形化。**将桥看作连接点的图线**，也就是说，如果能够**一笔画成起点和终点一致的图形**的话，那么就能证明把桥全部走一遍后能够回到最初的地点。最终，欧拉证明桥的图形不能一笔画成，得出了“**不存在回到起点的路线**”的答案。

一笔画能画成的要点是，**从所有的点出发的线都是偶数条线**，或者**只有从2个点出发的线是奇数条线**。在哥尼斯堡城的7座桥所构成的图形中，无论哪一点都是奇数条线，所以无法一笔画成。可以一笔画成的图形有**欧拉图（欧拉回路）**和**准欧拉图**两种（图2）。

从路线考虑一笔画成的条件

哥尼斯堡城七桥问题（图1）

把7座桥全部走一遍，能回到最初的地点吗？

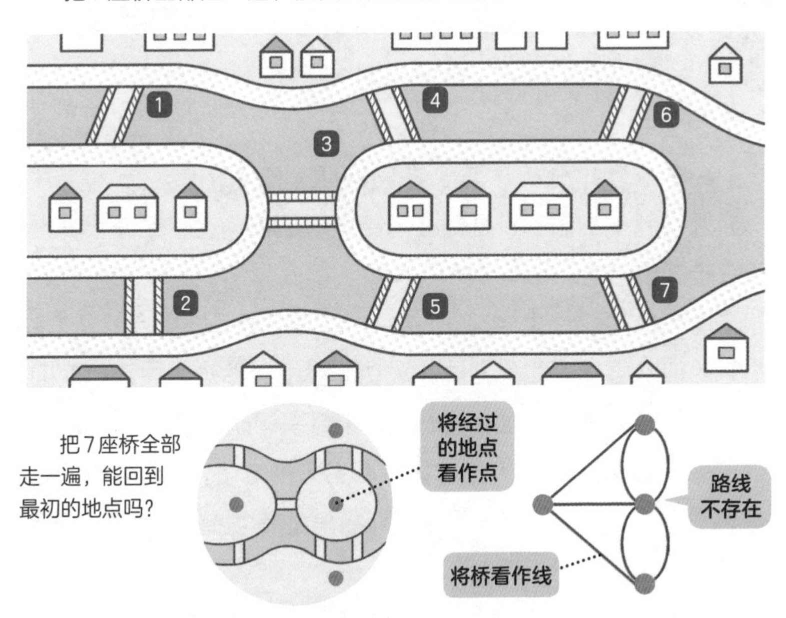

可能一笔画成的图形（图2）

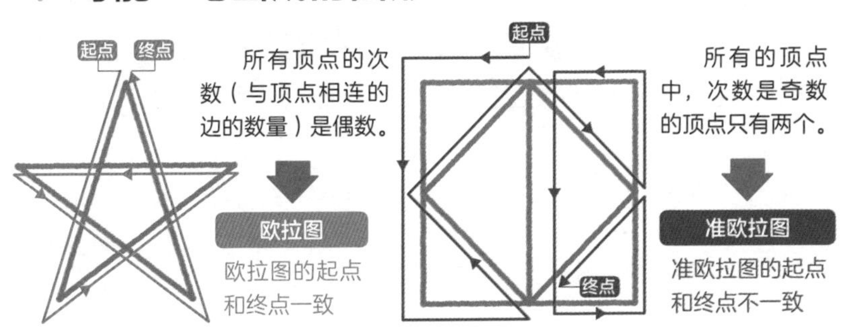

51 [图形] 让棋子走遍国际象棋棋盘上所有方格的方法

巡回的路线超过13万亿条！难以判断起点和终点一致的回路！

数学家**欧拉**分析了**骑士巡回问题（Knight's Tour）**。这一谜题发源于古印度，是指在国际象棋的棋盘上移动一个骑士，使它走遍棋盘上的每一个方格。

代表性的解法是将骑士的移动方法按①—⑧排序，从方法①开始依次尝试。如果方法①成功，就继续移动，失败就返回，接着再尝试方法②；如果②成功，接下来再从①开始。4×4格以下的棋盘无解，5×5格的棋盘有128种方法，6×6格的棋盘有320种方法（图1）。实际上国际象棋的棋盘是**8×8格**，**方法竟有13万亿种以上**。

骑士的巡回路线中也有**起点与终点一致的回路**。骑士经过图上所有的点与线的回路称为欧拉回路（第132页），经过图上所有的点的回路叫作**哈密顿回路**（图2）。我们要寻找的骑士巡回问题中的回路也就是哈密顿回路。

通过骑士巡回问题发现回路

骑士巡回问题（6×6格）（图1）

棋子的移动方法

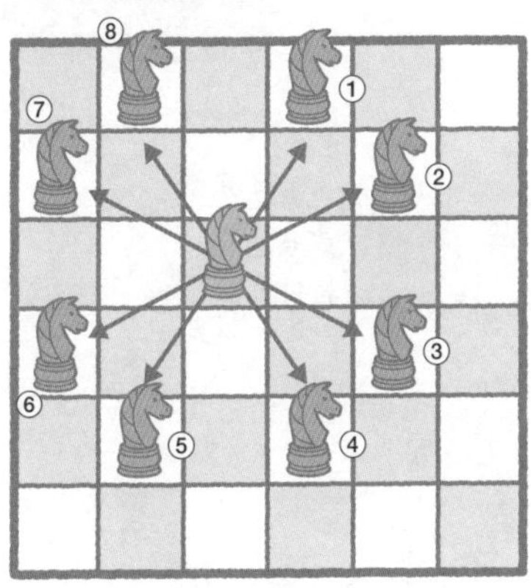

骑士的移动方法有8种。

解答示例

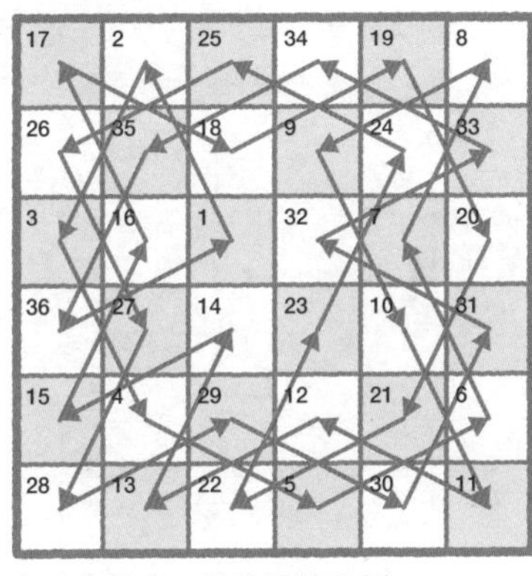

起点与终点一致的回路示例。

哈密顿回路（图2）

依次经过图上所有的点，最终起点与终点一致。

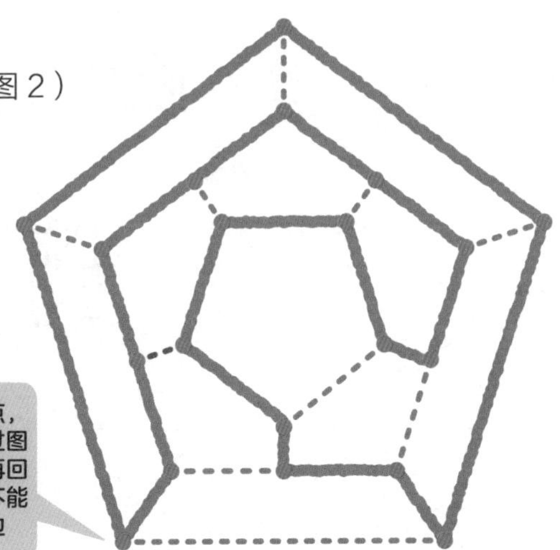

药师算

用围棋子摆出1个正方形，只留下4边其中1边的棋子。然后仿照留下的那1边摆上棋子，从1边的棋子数推测出棋子的总数。由于12这个数字是解题的诀窍，又正好和“药师如来十二大愿”中的数字重合，所以在日本被称为药师算法。

问 用围棋子摆出1个正方形，仿照其中1边棋子的个数排成几列，最后1列棋子数是5个。那么，棋子的总数是多少?

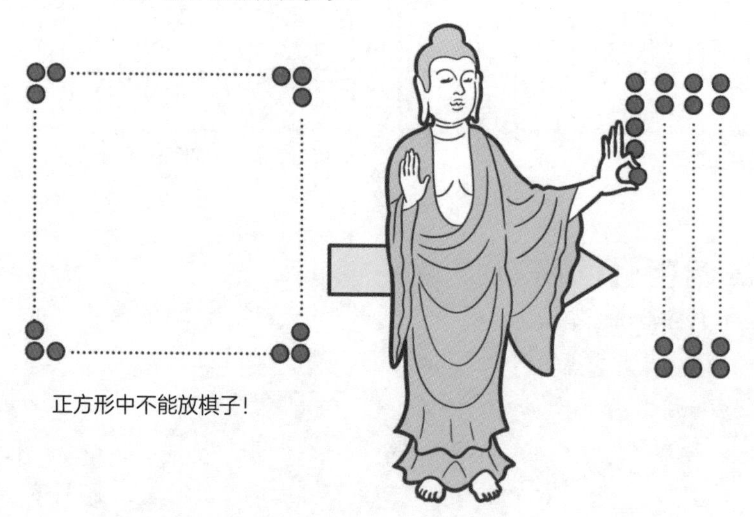

正方形中不能放棋子!

小贴士

- 正方形四角的棋子，在2条边的相交处重合。
- 最后1列缺少的棋子数量一定。
- 分上下两部分考虑棋子的排列情况。

解法

正方形由4条边构成，自然有4列，但是正方形四角的棋子在2条边相交处重合，因此第4列就会少4个棋子。

分上下两部分考虑棋子的排列情况，上半部分每列有5个棋子，下半部分的围棋个数不够。

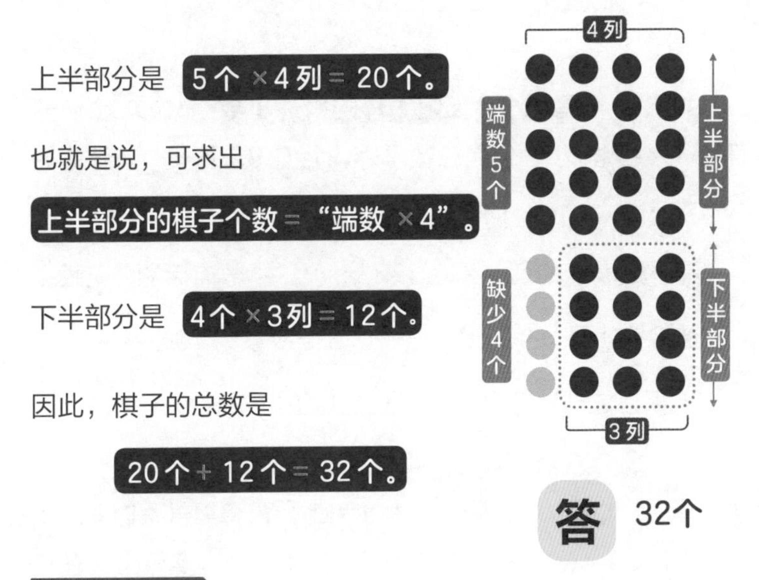

上半部分是 **5个×4列＝20个。**

也就是说，可求出

上半部分的棋子个数＝“端数×4”。

下半部分是 **4个×3列＝12个。**

因此，棋子的总数是

20个＋12个＝32个。

答 32个

其他问题或解法

用围棋子摆出1个正三角形，有3列棋子，3个顶点的棋子会重合。也就是说，可用“端数（个）×3（列）＋3（个）×2（列）”求出答案。端数为2时，围棋子的总数是6＋6＝12个。

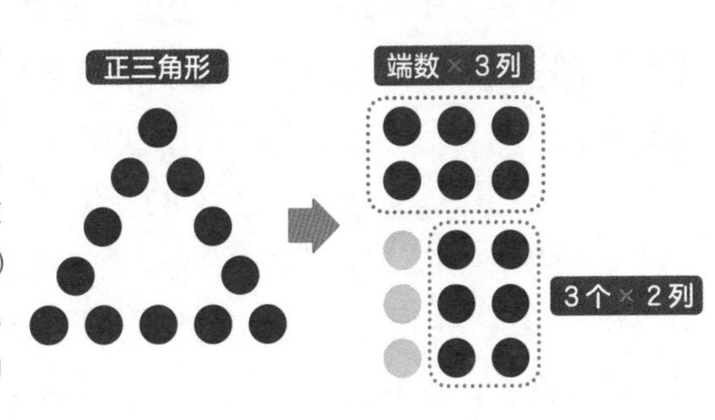

52 [数学] 1>0.9999……错误，1=0.9999……正确？

在数学中，循环小数0.9999……的小数点后，9无限循环，这个小数等于1。

0.9999……**是一个9无限循环的循环小数**（第28页），一般我们会认为它比1小，但是在数学中，**1=0.9999……**。这是为什么呢？

$\frac{1}{3}$用小数表示的话，是0.3333……，小数点后的3无限循环。它的2倍就是$\frac{2}{3}$=0.6666……，3倍应该是=0.9999……，而$\frac{3}{3}$=1，所以这样就可以说明1=0.9999……（图1）。

不过，**还有方法证明"1=2"似乎也成立**。当a=b时，在等号的两边同时乘上a，等式变为a^2=ab。再将等号两边同时减去b^2，得出2b=b，这样就可以导出结论：2=1。实际上，在这个推导过程中，在计算除以（a−b）时出现了错误（图2）。**因为用1个数除以0的话，等式不成立，这样就会出现一个根本不存在的数字**。

还有人引入**∞（无穷大）**的概念，因为"1+∞=∞"，"2+∞=∞"，所以"1=2"。这个证明过程看起来好像是正确的，但是这里将极限的计算规则和自然数的计算规则混为一谈，所以也是错误的。证明"1=2"似乎成立的方法还有很多，但是从**数学的角度**来看，都是错误的。

“1=0.9999……”和“1=2”的说明

数学上“1=0.9999……”是正确的吗？（图1）

1 > 0.9999…… ➡ 在数学上是错误的?

1 = 0.9999…… ➡ 在数学中是正确的！

把 1=0.9999……想象成一个比萨

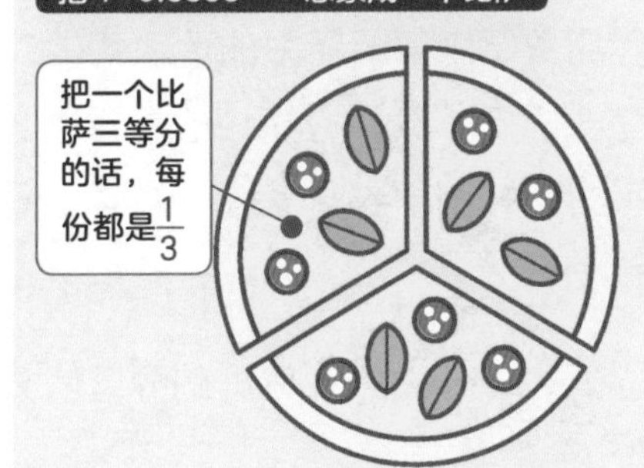

因为$\frac{1}{3}$=0.3333……，

根据$\frac{1}{3}+\frac{1}{3}+\frac{1}{3}$=0.9999……，

所以0.9999……=1。

“1=2”的证明方法及错误（图2）

证明过程

- 当 a=b 成立时，等号两边同时乘以 a，则 $a^2=ab$。
- 等号两边同时减去 b^2，得出 $a^2-b^2=ab-b^2$。
- a^2-b^2 因式分解后得到（a+b）（a−b），$ab-b^2$ 可写作 b（a−b）。
- 于是得到（a+b）(a−b)=b（a−b），等号两边同时除以（a−b），得到 a+b=b。
- 又因为 a=b，所以得到 2a=a，2=1。

该证明的错误之处

由于 a−b=0，0不能做除数，所以等式不成立。

53 [图形] 拥有无限表面积和有限体积的图形是什么图形？

原来如此！ **托里拆利小号**是在数学的**发散**和**收敛**理论基础上产生的悖论。

无限的含义是什么呢？用数学来解释无限的话，就是“**无止境地扩大状态**”。比如说“1，2，3……，n……”，像这样一个一个不停增长的数列可以用“$\lim_{n\to\infty} n=\infty$”表示，数学上把这个叫作“**无穷级数**”（图1左）。

与此相对，像“1，$\frac{1}{2}$，$\frac{1}{3}$，……，$\frac{1}{n}$”这样的分母依次增长，分子保持不变的数列可以用“$\lim_{n\to\infty}\frac{1}{n}=0$”来表示，随着n的增长数字的大小会无限趋近于0。这时可称为**收敛成0**，收敛的值，叫作**数列极限（极限值）**（图1右）。

在无限这个概念下，有一个图形很不可思议。17世纪意大利数学家**托里拆利**发现了**托里拆利小号（别名：加百利号角）**。一般的立体图形，表面积无限变大的话，体积也会无限变大。可是托里拆利小号是一个拥有**无限表面积却体积有限的图形**。托里拆利将“$y=\frac{1}{x}$（$1\leqslant x\leqslant\infty$）”图表的曲线绕 x 轴旋转1圈后，得到了一个小号形状的空间图形。小号的长度可以无限延长，利用微分（第200页）计算可知，它的表面积是发散的，体积是收敛的（图2）。

有限与无限相结合的图形

▶发散和收敛（图1）

无限数列的值不收敛时就会发散。

发散

例 $1^2, 2^2, 3^2, \cdots\cdots, n^2\cdots\cdots$ 无限持续的数列

➡ $\lim\limits_{n\to\infty}=n^2=\infty$（无限大）

无限地发散

收敛

例 $1+\frac{1}{1}, 1+\frac{1}{2}, 1+\frac{1}{3}, 1+\frac{1}{n}\cdots\cdots$

➡ $\lim\limits_{n\to\infty}(1+\frac{1}{n})=1$

向极限值 1 收敛

▶托里拆利小号（图2）

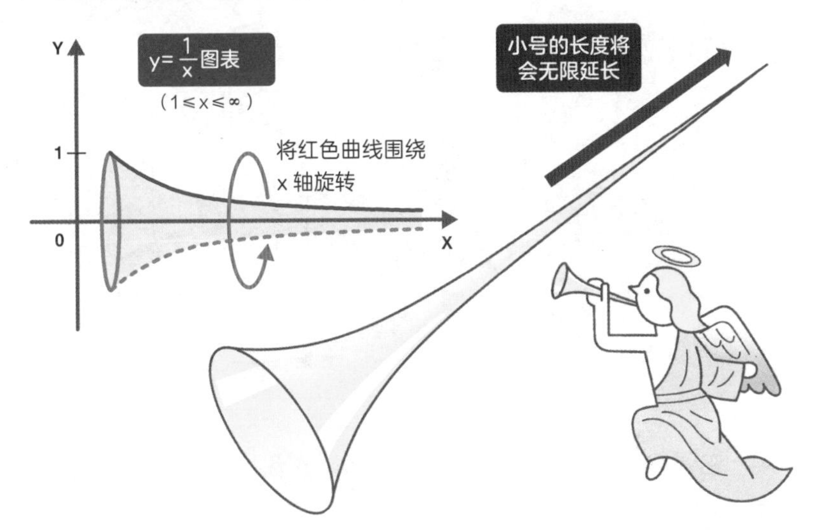

托里拆利小号将有限和无限结合在了一起，它与在《圣经 · 新约》中负责宣告最终审判的天使加百列所使用的号角很相似，所以也被称作加百列号角。

这样可以吗？
数学的选择
③

Q 拥有无限数量房间的酒店客满，它还能再装下无数客人吗？

可以装下 或 不可以装下

我们假设1家酒店有无数个房间，有无数的客人已经入住。某一天，又有无数的客人要来入住，但是所有的房间已经客满，新来的无数的客人还能够入住吗？

这是德国数学家戴维·希尔伯特（1862—1943）提出的一个被称作希尔伯特无限酒店的有名悖论问题，这个问题向我们展示了无限所具有的不可思议的性质。

我们假设有1家住满了无数客人的酒店，这时又有1名客人想要住进来，但是酒店的所有房间都已经客满。酒店经理让客人们搬到了比自己的房号大1个数的房间，这样一来1号房间就空了下来，新的客人可以住在这个1号房间里了。就算是有10个、100个新来的客人，他们的数量是有限的，就可以按照人数腾出新的房间让他们入住。

但是我们这次要思考的是，拥有无数房间的酒店，有无数新来的客人想要入住。这种情况下应该怎么办才好呢？

这种情况下，酒店经理需要让1号房的客人搬到2号房，2号房的客人搬到4号房……也就是让客人们搬到房号是自己原来房号2倍的房间（房号是偶数的房间）。

这样一来，就有无数的奇数号房间空了出来。新来的无数客人们就可以入住这些空出来的房间了。

让客满的无限酒店住进无限数量客人的方法

已经住进来的客人搬到房号是自己原来房号2倍的房间。

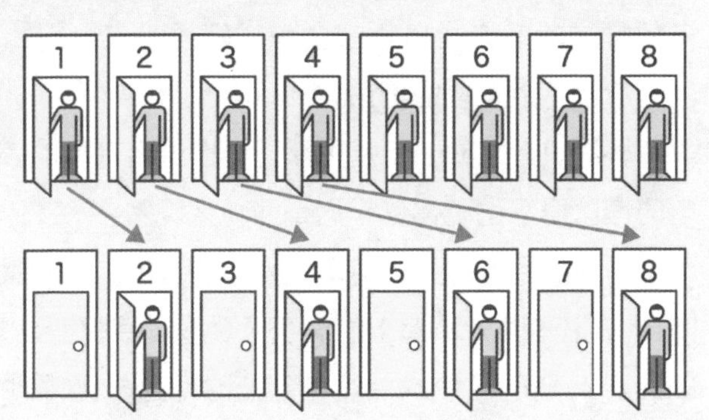

新来的客人住进腾出来的奇数号房间。

虽然现实当中这种假设是不会实现的，但在数学上完全可行，所以，正确答案是“可以”。

54 阿基里斯为什么追不上乌龟?

[数学]

一直到追上乌龟的这个时间段，被无限切分为很小的时间段，因此追不上!

有这样一个非常有名的故事，那就是无限悖论——**阿基里斯与乌龟**，其内容如下。

希腊神话中以擅长奔跑登场的英雄阿基里斯，追赶先行出发的乌龟。当阿基里斯开始奔跑时，乌龟已经到达了A点；当阿基里斯到达A点时，乌龟已经移动到前面的B点；当阿基里斯到达B点时，乌龟已经移动到前面的C点。无论阿基里斯多少次到达乌龟爬过的地方，乌龟都会稍微领先一点，**因此就产生了无论怎样也追不上乌龟的悖论**（下图）。

从常识上来看，阿基里斯是可以追上乌龟的，但他追不上乌龟的悖论似乎也说得通，这是为什么呢?

因为需要考虑到“**阿基里斯追不上的，是他追上乌龟前的时间**”。在还有1秒就追上时，那0.9秒以后呢？这之后的0.09秒以后呢？0.009秒以后呢？若把时间这样无限地切分下去，那么是永远追不上的。但是像0.9+0.09+0.009+……这样无限计算下去的话，答案为无限接近1的**收敛**。也就是说，被无限切分的数字，只能接近**有限值**。

以无限作为主题的悖论

“阿基里斯与乌龟”的悖论

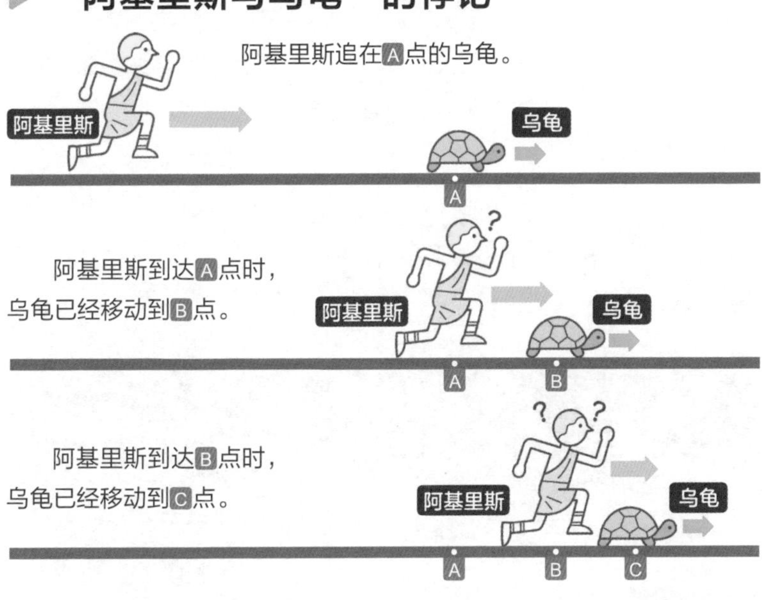

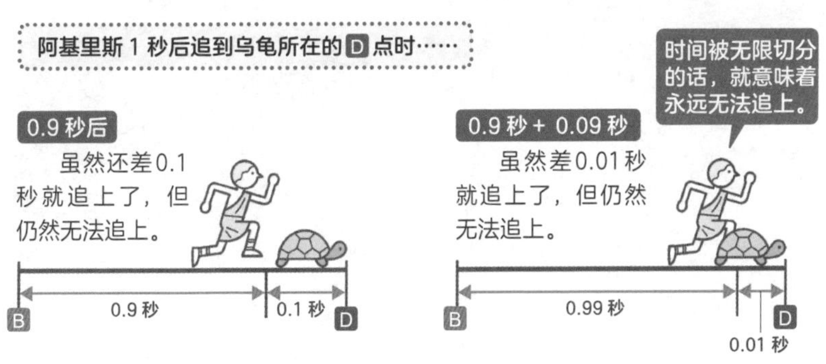

用数学公式表示为：

$$\lim_{n\to\infty}\left(1-\frac{1}{10^n}\right)=0.9+0.09+0.009+\cdots\cdots=1$$

和算的解法

乌鸦算

因为需要999只乌鸦来进行大量的计算，所以称为乌鸦算法。若是用999进行乘法计算的话，就会觉得不使用计算器是不太可能完成的事情，但其实只要花费一些时间，也是可以轻松计算出来的。

在999个沙滩上各有999只乌鸦，每只乌鸦又各叫了999声“哇”，那么一共叫了多少声呢？

小贴士

- 999是用了1000−1的原理！
- 某数字乘以1000以后，再用所得数字减去这一数字！
- 不管叫多少个999声，计算步骤都是一样的！

解法

以上问题的计算公式如下图所示：

$$\underset{\text{沙滩数}}{999} \times \underset{\text{乌鸦数}}{999} \times \underset{\text{叫声数}}{999} = \text{全部的叫声}$$

这样的话，不管是心算还是进行乘法笔算，都是非常辛苦的事情。用1000-1来替换999，这一点正是乌鸦算法的核心。换成1000-1后，计算所有沙滩上全部乌鸦的数量时，可以用以下方法运算。

$$\begin{aligned} 999 \times (1000-1) &= 999000-999 \\ &= 998001 \end{aligned}$$

用乘过1000的数字减去999！

这样就能计算出乌鸦的数量。在知道乌鸦数量的情况下，所有乌鸦全部叫声的计算公式如下所示：

$$\begin{aligned} & 998001 \times (1000-1) \\ &= 998001000-998001 \\ &= 997002999 \end{aligned}$$

用乘过1000的数字，减去998001！

997002999声

其他问题 & 解法

990处沙滩上各有990只乌鸦，每只乌鸦各叫了990声的情况下，用1000-10来替换990，然后进行计算就可以了。右侧为计算公式，答案是970299000声。

$$\begin{aligned} 990 \times (1000-10) &= 990000-9900 \\ &= 980100 \\ 980100 \times (1000-10) &= 980100000-9801000 \\ &= 970299000 \end{aligned}$$

55 [数学] 数学模型之美——帕斯卡三角形是什么？

将二项式定理的系数按三角形形状排列就可得到帕斯卡三角形，它隐藏着各种各样的数学性质。

像2^3（$=2\times2\times2$）这样，一个数自乘若干次的积的运算，叫作**乘方**。然后将算式的乘方，即像$(x+y)^n$这样的n次方的**算式展开**时，称为**二项式定理**。

当n=2时，$(x+y)^2=x^2+2xy+y^2$，此时每一项字母前面的**系数**为1，2，1。当n=3时，$(x+y)^3=x^3+3x^2y+3xy^2+y^3$，此时每一项字母前面的系数为1，3，3，1。将**二项式定理的系数按三角形形状排列出来的图形称为帕斯卡三角形**。人们从古代就开始研究这项定理了，因为这项定理是由数学家**帕斯卡**提出的，所以就以其姓名来命名。

帕斯卡三角形被称为**数学中最美的模型**，三角形中的每个数字等于和它相邻的上面两个数字之和（下图）。另外，每一行的开头和结束都是数字1；每一行的第2个数字可排列成**自然数列**1，2，3，4……；每一行的第3个数字可排列成**三角数**（能组成三角形的点的数量总和）1，3，6，10，15……；每一行的第4个数字可以排列成**四面体数**（能堆成正四面体的点的数量总和）。而且，红色斜线连接的数字之和构成了**斐波那契数列**（第104页）。此外，帕斯卡三角形中还隐藏着其他各种各样的数学性质。

隐藏了众多数学性质的三角形

帕斯卡三角形

将二项式定理的系数排列成三角形时，它里面包含着各种各样的数学性质。

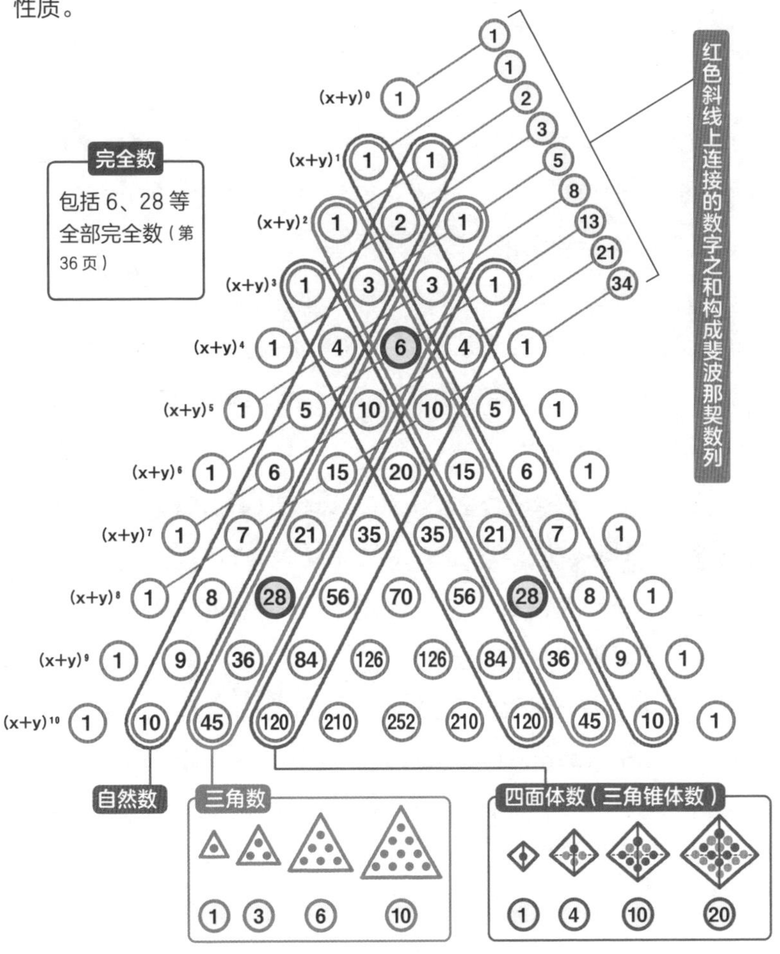

56 [图形] 可以画出边数为质数的正多边形吗？

年轻的数学天才高斯通过运算发现了正十七边形的画法！

如果是三角形、正方形和正六边形的话，可以用**尺子和圆规来作图**，但是是否存在比这些更复杂的正多边形的作图方法呢？虽然能够绘制出正三角形、正方形和正五边形等正多边形，但直到18世纪，可以画出边数为质数的正多边形（正质数多边形）只有**正三角形**和**正五边形**这两种。然而，1796年3月30日早晨，19岁的天才数学家**高斯**（第170页）在起床的瞬间就想出了**正十七边形**的画法。

高斯表示，**圆的17等分角cos $\frac{2\pi}{17}$ 可以只用四则运算法则和根号（$\sqrt{\ }$）来表达**，并证明了正十七边形是可以绘制出来的（下图）。此后，人们又发现了正十七边形各种各样的作图方法。

高斯也证明了能够作图的正质数多边形与17世纪法国数学家**费马**提出的费马数有关。**费马数**是指用**$2^{2^n}+1$（n是自然数）**表示的质数，已知的有**3、5、17、257、65537**这5个。也就是说，仅用尺子和圆规能够绘制的正质数多边形，其边数必定是这5个费马数中的1个。

绘制正十七边形的思考方法

▶高斯的正十七边形绘图方法

因实际作图步骤复杂特此省略，
在此简单说明一下思考方法。

正十七边形的思考方法

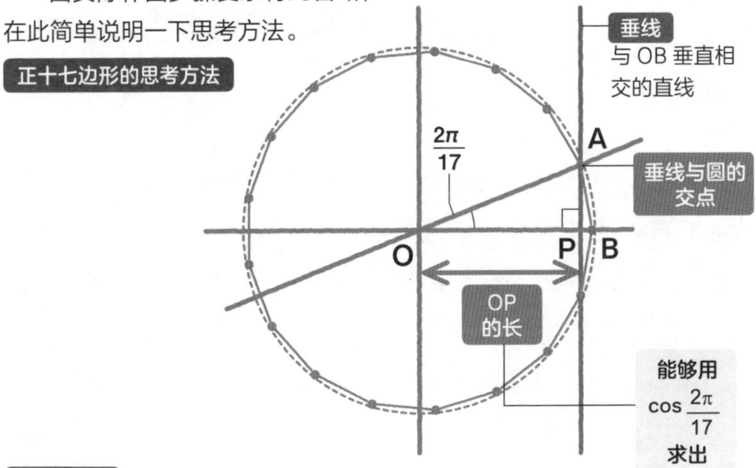

作图方法

- 用 $\cos\frac{2\pi}{17}$ 公式求出 OP 的长；
- 过 P 点引 1 条垂线，垂线与圆相交的点 A 为正十七边形的顶点；
- OP 的延长线与圆相交的点为 B，点 A 与点 B 相连接的直线为正十七边形的一条边；
- 与上述直线等间距做上记号，就能绘制出正十七边形。

用数学公式表示：

$$\cos\frac{2\pi}{17}=\frac{1}{16}\Big(-1+\sqrt{17}+\sqrt{2(17-\sqrt{17})}$$
$$+2\sqrt{17+3\sqrt{17}-\sqrt{2(17-\sqrt{17})}-2\sqrt{2(17+\sqrt{17})}}$$

➡ 只要能够用四则运算法则和√￣来表示，就能够作图！

57 [图形] “二角形”存在吗？球的神奇性质

球面上存在二角形，球面三角形内角和大于180°！

在空间中，到定点的距离等于定长的点的集合叫作**球**。实际上，在球面当中存在球面几何学，它拥有平面几何学，也就是欧几里得几何学所不适用的、神奇的性质。那么，让我们一起来看看球这个神奇的性质吧。

无论从哪个角度看，球都是圆形的，球的每一个截面也都是圆形的。请大家想象一下，用一个通过球心的平面截这个圆。当这个截面通过球心时，所截的圆是最大的，这个圆就叫作**大圆**。由此可以求得半径为r的球的表面积为$4\pi r^2$，体积为$\frac{3}{4}\pi r^3$。

在球面上画2条直线（连接两点之间最短距离的线，与大圆相同）并不断延长，必定会在球面上相交；在相反一侧，会有另一个交点。这时就会形成只有**2个顶点和2条边的二角形**（图1）。

另外，球面上的三角形比平面三角形更为凸起，所以球面三角形**内角和大于180度**。将球水平平均分割成2份，再从其正上方平均分成4份，所形成的三角形各自的内角分别为90度，因此就形成了**内角和为270度的正三角形**（图2）。

球面上图形的性质

▶在球表面上形成的二角形（图1）

通过球心的截面叫作大圆。

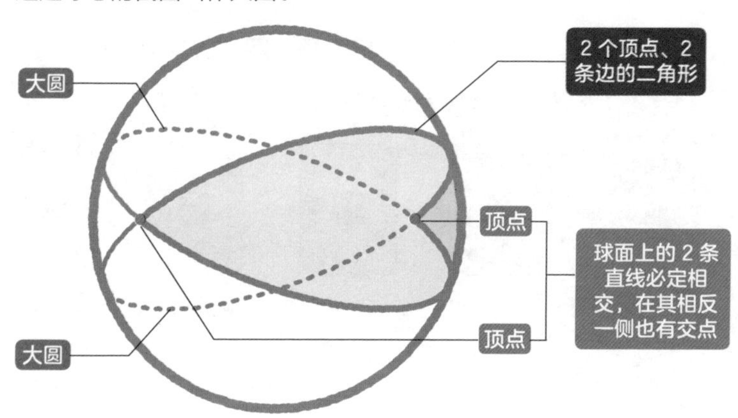

▶球面上三角形的性质（图2）

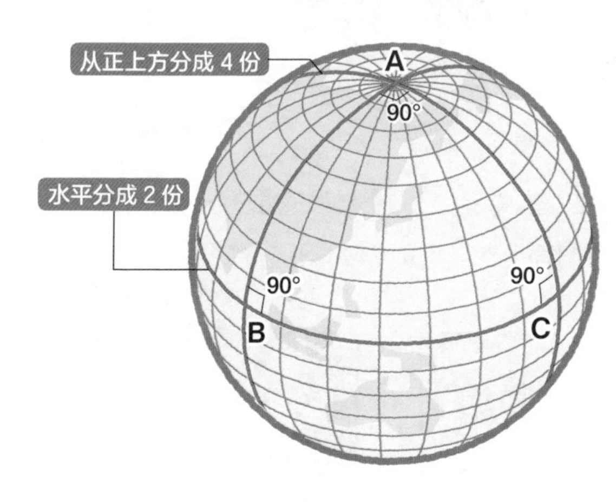

将球水平平均分割成2份，从其正上方平均分成4份，所形成的三角形ABC为正三角形，内角分别为90°（内角和为270°）。

球面上三角形的面积

$$\frac{r^2(a+b+c-180°)}{180°}$$

设半径为r，三角形ABC的3个内角分别为a、b、c，可由上述公式求得面积。

考一考，问一问！

数学谜题 6

违反直觉？三门问题

这个问题出自美国的电视节目，引起了非常大的反响。该问题是一个概率问题，因违反直觉而闻名遐迩。

1 有三个门，分别为A、B、C。其中1个门后面有奖品，挑战者需选择其中1个门。

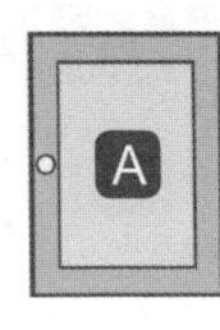

2 主持人（蒙提·霍尔）已经知道答案，他会从剩下的2扇门中选择开启1扇偏离正确答案的门。

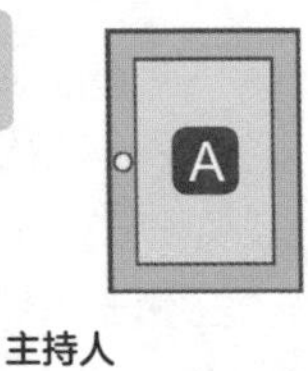

3 主持人问挑战者："是否保持原来的选择，还是转而选择剩下的那1扇门？"这时该如何选择好呢？

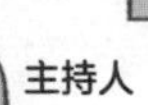

答案和解析

剩下的门为B和C，猜中的概率为$\frac{1}{2}$。所以无论改变选择与否，概率都不会改变吧？但是当我们从**最初选择那扇门的时候考虑一下，就能找到正确的概率**。让我们从头来思考一下吧！

改变选择时的概率

- 最初选择A时 → 主持人打开C，挑战者转而选择B，转换成功。
- 最初选择B时 → 主持人打开A或C，挑战者转而选择C或A，转换失败。
- 最初选择C时 → 主持人打开A，挑战者转而选择B，转换成功。

A、B、C无论哪扇门中奖，改变选择的话，猜中的概率就是$\frac{2}{3}$。也就是说，3扇门中，选中未中之门的概率就成了猜中的概率。

从这个问题我们可以看出，**转换选择会使猜中的概率从$\frac{1}{3}$提高到$\frac{2}{3}$**。

58 [数学] 皇家同花顺的出现概率是多少?

只有4种皇家同花顺。从52张正牌中抽出5张随机组合，用4除以组合数量就能得出结果!

在扑克牌中，最厉害的牌型当数皇家同花顺。它是由同种花色的10、11(骑士Jack)、12(皇后Queen)、13(国王King)、A(王牌Ace，即1)组合而成。这种牌型出现的概率是多少呢?

概率指的是某事件出现的次数除以所有可能情况的次数而得来的比率。其中包含**按一定顺序排成一列的排列，与不按一定顺序并成一组的组合**。从5人中选出3人排成一列叫作排列；从5人中选出3人并成一组叫作组合(图1)。

扑克牌共有4种花色，每种花色各13张，共计52张。从中选出5张牌，按照一定的顺序排成一列的话，共有52×51×50×49×48=311875200种方式。不过，选出5张牌以**组合方式**进行排列(排列方式与大小顺序无关)，组合5张牌的方式一共有120种。也就是说，从52张牌中选出5张以组合方式进行排列，一共有311875200÷120=2598960种。

根据扑克牌的♠♦♥♣四种花色来看，皇家同花顺仅有4种，**出现的概率为4÷2598960×100≈0.00015%**(图2)。也就是说，**每组合65万次，才能出现1次**皇家同花顺。

概率的排列与组合

排列与组合的公式（图 1）

排列的公式: 从 n 个不同元素中，任取 k 个不同的元素按顺序排成 1 列。

$$A_n^k = \frac{n!}{(n-k)!}$$

! 指阶乘（从 n 到 1 所有正整数的积）

例 从 5 人中选出 3 人排成 1 列……

$$A_5^3 = \frac{5!}{(5-3)!} = \frac{5\times4\times3\times2\times1}{2\times1} = \text{60 种}$$

组合的公式: 从 n 个不同元素中，任取 k 个不同的元素不按顺序并成 1 组。

$$C_n^k = \frac{n!}{k!(n-k)!}$$

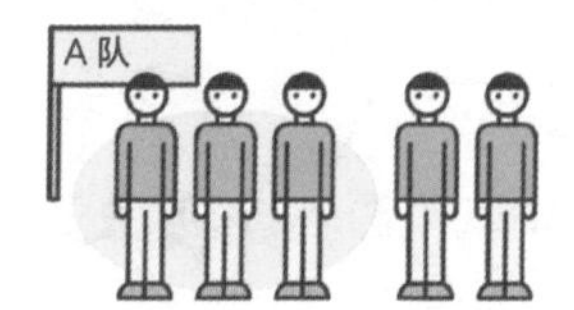

例 从 5 人中选出 3 人并成 1 组……

$$C_5^3 = \frac{5!}{3!(5-3)!} = \frac{5\times4\times3\times2\times1}{3\times2\times1\times2\times1} = \text{10 种}$$

皇家同花顺出现的概率（图 2）

皇家同花顺的种类

4 种

从 52 张牌中选出 5 张的组合数量

$$C_{52}^5 = \frac{52!}{5!(52-5)!}$$

出现的概率

$$4 \div \frac{52!}{5!\,47!} = \frac{4\times5\times4\times3\times2\times1}{52\times51\times50\times49\times48} = \frac{1}{649740}$$

59 [数学] 数字型彩票的中奖概率是多少？

把选择的数字当作组合数，选择的数列当作场合数来计算！

当你买彩票时，想过彩票的中奖概率是多少吗？**购买乐透6等选择自己偏好的数字的彩票，可以计算中奖的概率**。

乐透6是指从1到43这43个数字中选出6个数字。为了计算中奖概率，可以使用**组合**（第156页）。利用组合公式 $C_n^k = \frac{n!}{k!(n-k)}$，计算出的组合类型是 C_{43}^{6}=6096454种。也就是说，乐透6的**中奖概率大约是六百万分之一**（图1）。

此外，从0到9的10个数字中选出3个数字（或者4个）依序排列成数字的直线，试想一下这种彩票的中奖概率吧。

在这种类型的彩票中，存在数字重复出现的情况，例如115、222等，所以使用**组合总数（基本事件发生的总数）**来计算。所谓组合总数，即假设摇3次骰子，出现的总点数为6×6×6=216。由于3位数的组合总数是10×10×10=1000，所以**中奖概率是一千分之一**（图2）。

计算彩票的中奖概率

购买数字型彩票的中奖概率计算（图1）

乐透6 从1到43这43个数字中选出6个数字，得到彩票的组合总数。

$$C_{43}^{6}=\frac{43\times42\times41\times40\times39\times38}{6\times5\times4\times3\times2\times1}=60966454\text{ 种}$$

约六百万分之一

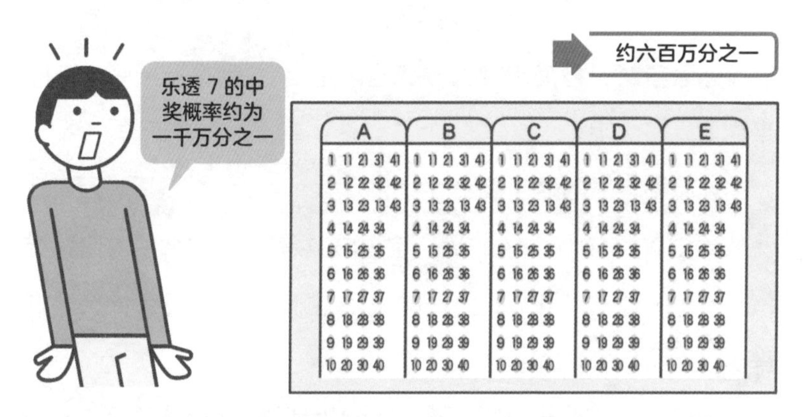

对所选数字排列模式的概率计算（图2）

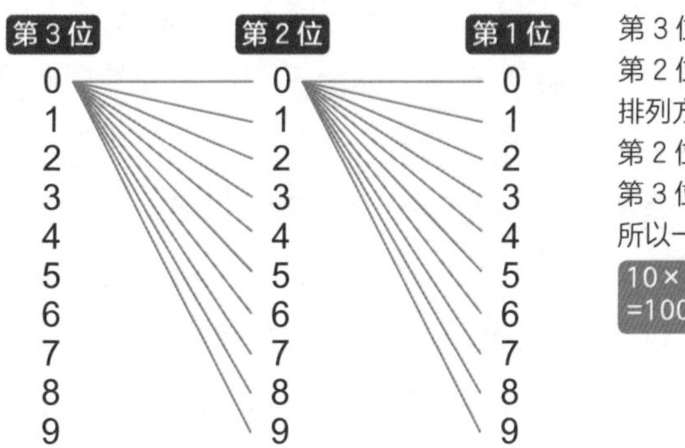

第3位是0，
第2位是0时，
排列方式有10种。
第2位也有10种，
第3位也有10种，
所以一共有
10×10×10
=1000种

60 [数学] 骰子各面出现的概率是平均的吗？什么是大数定律？

大数定律就是如果增加摇骰子的次数，那么点数的**平均值将无限趋于 3.5**！

摇骰子时，**各面出现的概率应该是 $\frac{1}{6}$**。那么，骰子各面的平均值是多少呢？

计算平均值的话应该是 $\frac{(1+2+3+4+5+6)}{6}=3.5$，但实际上如果试着摇10次骰子的话，实际总数是38，那么平均值就是3.8。这样看来，各个面出现的概率就不是 $\frac{1}{6}$ 了。为什么会这样呢？

通过上面的例子可知，骰子各面出现的概率不是3.5，那是因为摇骰子的次数太少了。如果将摇骰子的次数增加到100次、1000次、10000次的话，**平均值（期待值）就能够接近3.5了**。另外，如果无限反复投硬币的话，硬币正反面出现的概率会接近。16世纪的数学家**雅各布·伯努利**将这称为大数定律并确定下来。大数定律是概率论和统计学的基本定律之一，比如在调查汽车事故发生率时，将司机作为**母体**，从中随机抽取几个司机作为**样本**，经过多次调查事故发生率，就能预测司机这一群体的事故发生率（下图）。所以，大数定律被认为与**保险等金融产品的设计**息息相关。

预测母体平均值的方法

▶也被应用于保险行业的大数定律

首先，让我们通过简易模型看一下汽车事故的发生率。

母体（全体司机）

★有过事故经历的人

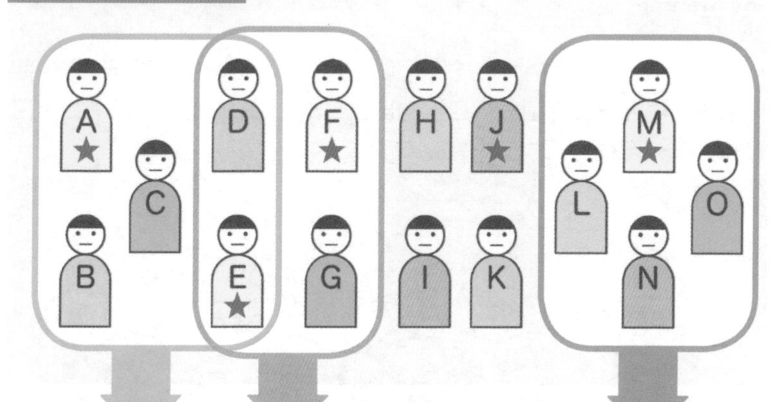

样本：
A、B、C、D、E这5人抽取的结果，其中2人有过事故经历

样本平均值是 $\frac{2}{5}$

样本：
D、E、F、G这4人抽取的结果，其中2人有过事故经历

样本平均值是 $\frac{2}{4}$

样本：
L、M、N、O这4人抽取的结果，其中1人有过事故经历

样本平均值是 $\frac{1}{4}$

从母体中选出多个样本，反复计算出样本平均值就能够预测到母体的平均值（母体平均值）

虽然无法预测到谁会发生交通事故，但是能够预测到事故发生率，从而计算出保费

这样可以吗？
数学的选择
④

Q 在23人的团队中，有出生日期是同一天的成员的概率是多少？

约10% 或 约30% 或 约50% 或 0

在新的一年，某公司组成了新的团队。团队的人数是23人。在自我介绍时，每人都要介绍一下自己的出生日期。那么在这个团队中，出生日期是同一天的成员的概率是多少呢？

“出生日期在同一天的人最少有2位”这个概率是从**“一定会有出生日期相同的人”的概率1（100%）中，减去“出生日期相同的人一个都没有”的概率得到的**。

如果按一年365天来计算（闰年除外），出生日期共有365种。如果按A和B两个人来考虑，那么A和B的出生日期不相同的概率模型共有364种。这样来看，A和B出生日期不同的概率是$\frac{364}{365}$（约为99.7%）。下面我们试试加入第3个人C。C的出生日期和A、B的模型都不相同，因为要从365天中减去2个人的出生日期，所以是363种。如果计算这个概率的话，就是$\frac{363}{365}$（约为99.5%）。A、B、C三人出生日期不同的概率为$\frac{364}{365}\times\frac{363}{365}$（约为99.2%）。这样看来，出生日期不同的概率就是$\frac{364}{365}\times\frac{363}{365}\times\frac{362}{365}$……，可以用**依次递减的分子数除以365**，得到的数字按人数相乘即可。

那么，试着思考一下23人应该如何计算呢？**第23人与其余22人出生日期不相同的概率就是（365−22）÷365**。

23 人的计算公式

概率的计算方法

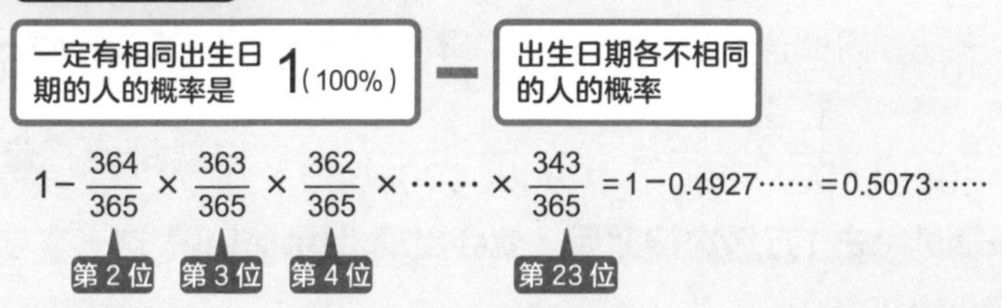

由此可知，在23个人组成的团队中，出生日期各不相同的成员的概率是0.4927……。然后用1减去这个数字就能计算出有出生日期相同的成员的概率，也就是0.5073……，所以正确答案是约为50%。顺便说一下，团队人数是35人时的概率约为81%，团队人数是40人时这一概率就变成了约为89%。如此高的概率，真是令人感到意外啊。

61 [数学] 猴子也能写出《哈姆雷特》？什么是无限猴子定理？

从理论上讲，如果有一只可以长生不老的猴子，那么它也能写出《哈姆雷特》！

如果**一只拥有无限生命的猴子**持续任意地敲击键盘，它可以打出莎士比亚的作品吗？**答案是“可以”**，这就是**无限猴子定理**。

这也是所谓**思想实验**之一，即“**长时间随机打字，可以打出任何1种文字序列**”。

如果想要这只生命无限的猴子打出哈姆雷特的英文“**hamlet**”，假设电脑键盘上共有100个按键，那么打出来的第1个字母是h的概率为$\frac{1}{100}$。由于打出其余每个字母的概率各为$\frac{1}{100}$，因此连续打出这6个字母的概率为$\frac{1}{100}\times\frac{1}{100}\times\frac{1}{100}\times\frac{1}{100}\times\frac{1}{100}\times\frac{1}{100}=\frac{1}{1000000000000}$。也就是说，**当猴子随机敲击1万亿次按键后，就会出现“hamlet”这一文字序列**（下图）。

这说明，如果有无限接近于永远的时间，即使是猴子也可以写出一本《哈姆雷特》。**只要假设有无限的时间和一定的数量，无论概率多低的事件都有可能发生**。

关于无限的概率论

猴子在电脑上打出“hamlet”的概率

例 假设键盘上有100个按键

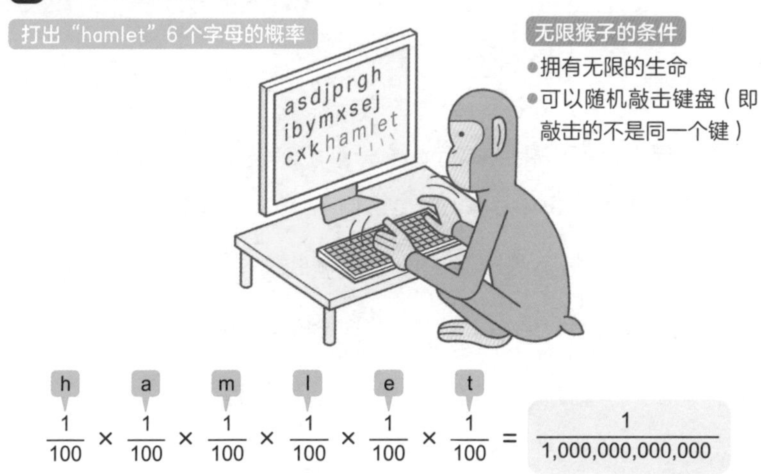

正确打出100个字母所需要的年数 假设该猴1秒可以打出10万个字母……

从数学理论上来说，猴子一字不落地打出《哈姆雷特》全文并不是不可能，然而现实中需要近乎无限的时间！

62 [数学] do re mi fa so la xi do 是由数学衍生出来的吗？

决定音阶的弦长中蕴含着数学规则，音的数字化方面也会用到数学。

实际上，音乐和数学有着十分密切的关系。古希腊数学家**毕达哥拉斯**发现“do re mi fa so la xi do”音阶中有数学规则。当拨动吉他等乐器的琴弦时，如果弦长为$\frac{2}{3}$，声音就会提高五度；如果弦长是$\frac{1}{2}$的话，声音就会变成高八度音。也就是说，以发出“do”音的弦长为基准，如果弦长是其$\frac{2}{3}$的话，就会发出“so”音；如果弦长是其$\frac{1}{2}$的话，就会发出高音“do”。这个规则被称为**毕达哥拉斯音律**（图1）。

声音本来就是**通过空气等介质传播、振动产生的声波**。**1秒钟的振动次数称为频率，以赫兹为单位**。频率越高，音调越高；频率越低，音调越低。现行的国际标准音高是**440赫兹的“la”音**。

另外，虽然我们平常听到的声音是各种声音（频率）混合在一起的**复合音**，但是CD和手机等发出的声音是把复合音分解成基本波形的**纯音（正弦波）**，改变了数字信号。18世纪末法国数学家**傅里叶**提出使用**傅里叶变换**把频率分解成纯音（图2）。

蕴藏在音乐中的数学规则

▶毕达哥拉斯音律和频率（图 1）

弦长和音阶的关系 弦长与音阶中蕴含着数学规则。

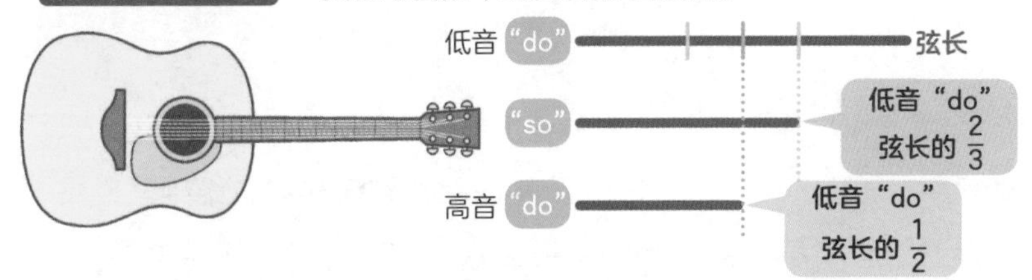

频率 振幅越大，声音越高；波长越短，声音越高。

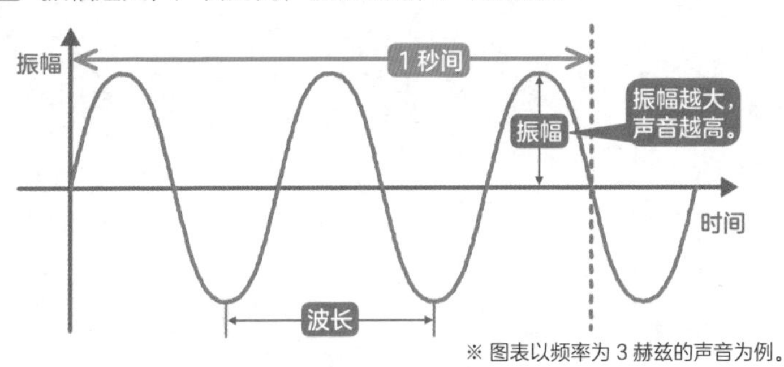

※ 图表以频率为 3 赫兹的声音为例。

▶通过傅里叶变换分解声音（图 2）

傅里叶变换用三角函数的重复组合来表示频率函数。通过傅里叶变换，用纯音的重复组合来表示复合音。

考一考，
问一问！

数学
谜题
7

检查结果呈阳性就一定是病毒感染吗？未必如此

如果接受引起严重疾病的病毒检查，检查结果呈阳性的话，就一定是感染上病毒了吗？

有一种病毒，1万人中会有1人被感染，也就是说有0.01%的感染概率。假设A先生检查其是否感染病毒时，结果呈阳性，并且检查的精确度为99%，那么A先生实际上被感染的概率是多少呢？

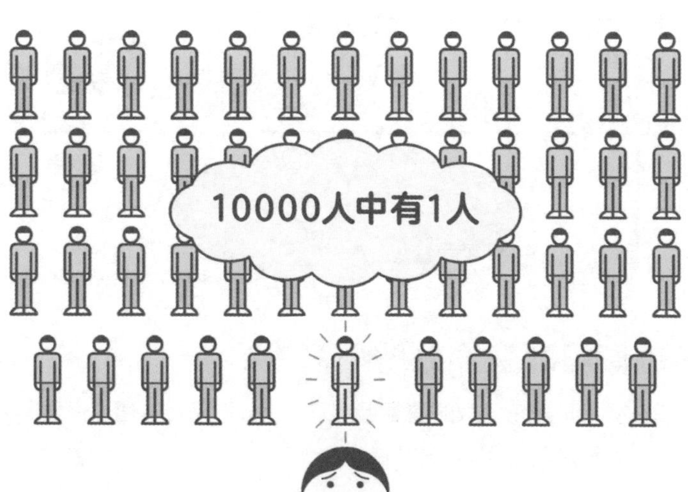

答案和解析

检查的精确度为99%。如果检查结果呈阳性，我们会认为有99%的概率感染病毒了吧。但是请想一想最开始的条件，1万人中会有1个人感染病毒，那么如果100万人之中，**就会有100人感染病毒，999900人不会感染病毒。**

对100位感染患者进行检查

正确判定为阳性的有 ➡ 99人

错误判定为阴性的有 ➡ 1人

对无感染的999900人进行检查

正确判定为阴性的有 ➡ 989901人

错误判定为阳性的有 ➡ 9999人

判定为阳性的人数总和为

➡ 99人＋9999人＝10098人

而这其中，实际感染患者为99人。被判定为阳性的患者中，A先生实际感染的概率是99÷10098=0.00980……约等于1%。“1万人中1人被感染”，这种感染率较低的病毒，在对其进行检查时，虽然检查结果呈阳性，但实际上没有被感染的可能性很高。

因定理和单位而闻名的天才数学家

卡尔·弗里德里希·高斯

（1777—1855）

高斯出生在德国，父亲是炼砖手艺人。据说高斯在还不会说话时，就会数数了。3岁时，高斯就指出了父亲账簿上的计算错误。上小学时，面对“计算1到100的总和”这一算数问题，“1+100=101、2+99=101……50+51=101，总共有50组数之和为101，所以答案是101×50=5050”，高斯瞬间就给出了答案。

15岁时，高斯提出了质数定理，预测了质数分布的大致规律。该预测大约在100年后被证实。19岁时，高斯用尺规构造出了正十七边形的作图方法，并下决心要成为一名数学家。30岁时，高斯成为哥廷根大学的数学教授和当地天文台的台长，证明了代数基本定理，将整数论进一步体系化，发明了最小二乘法等，成就斐然。

除数学以外，高斯在其他方面也卓有成就。在天文学方面，他计算出了小行星谷神星的运行轨迹；在物理学方面，他阐明了电磁学的性质。高斯堪称是“人类历史上最优秀的数学家”，在数学和物理学上，有很多以他的名字命名的定理和单位，比如高斯整数、高斯积分、高斯定理，以及磁感应强度单位高斯等。据说，从他的遗稿中还发现了大量领先于时代的研究成果。

第 4 章

想要知晓的数学世界

数学上的各种名称，微分、积分、
费马大定理及欧拉公式等，
大家可能只是听说过。
通过理解本章的主要内容、插画和图解，
一起来感受一下数学的魅力吧！

63 统计是不可信的？辛普森悖论是什么？

[数学]

整体分析和部分分析统计结果，会有完全相反的解释成立！

调查某件事情并将得到的数值数据化，这一过程称作统计。通常人们认为统计结果是严密且正确的，**实际上从整体分析和从部分分析，会有完全不同的解释成立。**利用这一点，你就能够骗过其他人。这就是由英国统计学家**辛普森**提出的**辛普森悖论**。

例如，A高中和B高中各有100名学生，经过同一测试，A高中男生（80人）的平均分是60分，女生（20人）的平均分为80分。B高中男生（50人）的平均分是55分，女生（50人）的平均分为75分。**A高中男女生平均分均较高**，看起来更为优秀。但从全班的平均分来看，B高中高出1分（下图），而如果不比较"全班整体平均分"的统计结果，A高中也可以说"我校比B校更优秀"。

除考试成绩外，例如医疗环境的**治疗效果**、工厂**残次品的出现比率**等统计结果，都可以根据自身情况利用统计数据。因此，有必要严格区分统计的**结果**和**解释**这两种情况。

从部分和全体分析得到的不同统计结果

▶辛普森悖论是什么？

A高中和B高中分别有100名学生参加同一测试。

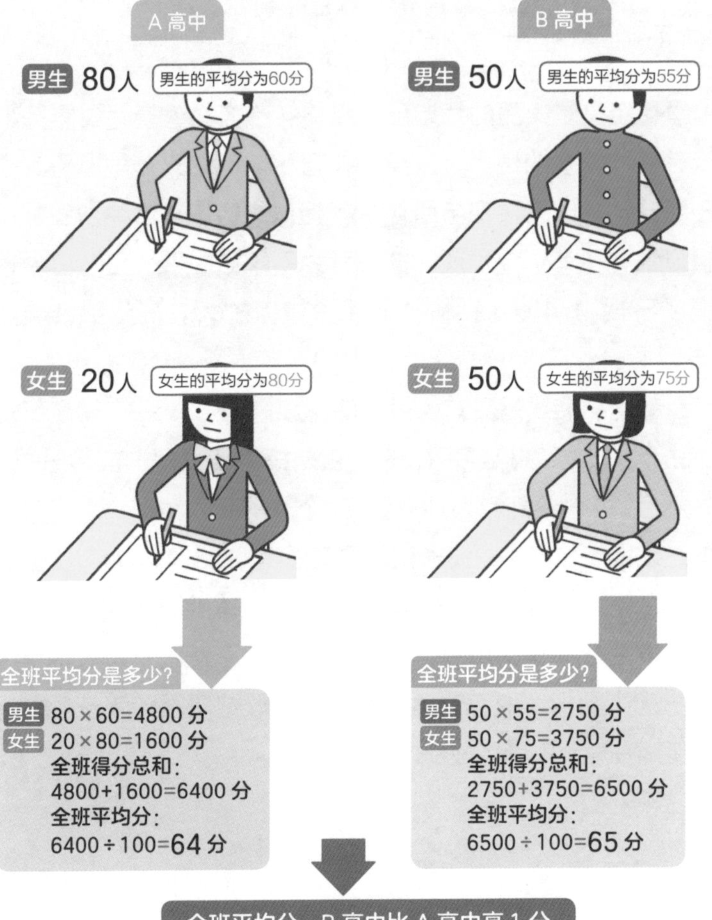

64 部分与整体的形状相同？不规则图形是什么？

［图形］

不规则图形是指具有自相似性的图形。无论如何放大，都会形成更加复杂的形状！

雪花结晶是美丽的六边形。以雪花结晶为代表，夏季的积雨云、枝叶繁杂的树木、人类的血管、闪电的光芒等，将其中的**一部分扩大**，**会再现与整体形状相似的构造**。这种性质称作**自相似性**，具有这种性质的图形称为**不规则图形**。自然界中存在很多不规则图形，其特征是**无论如何扩大，形状都会更加复杂**。

科赫雪花曲线是具有代表性的不规则图形，是在20世纪初期，由瑞典数学家**科赫**提出的。它是指将正三角形的边分成3份，然后以2个分割点为顶点画出1个新的正三角形……无限重复上述过程制作出来的图形就是雪花图案（图1）。科赫雪花曲线的周长是可以**无限延伸**的，其面积是原正三角形的**1.6倍**。

由波兰数学家**谢尔宾斯基**提出的**谢尔宾斯基三角形**也是著名的不规则图形。取正三角形各边中点联结成新的正三角形，如此循环往复，不断生成新的图形（图2）。

具有代表性的不规则图形

▶科赫雪花（图 1）

将三角形的3条边分别分成3等份，以边上的2个分割点为顶点重新画出正三角形。

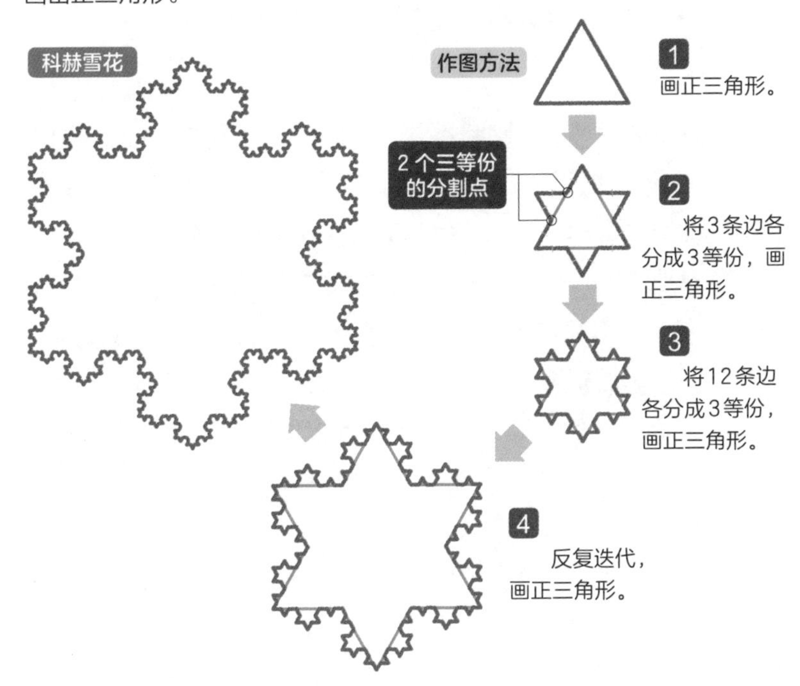

▶谢尔宾斯基三角形（图 2）

取正三角形各边中点，联结成新的正三角形，如此不断重复。

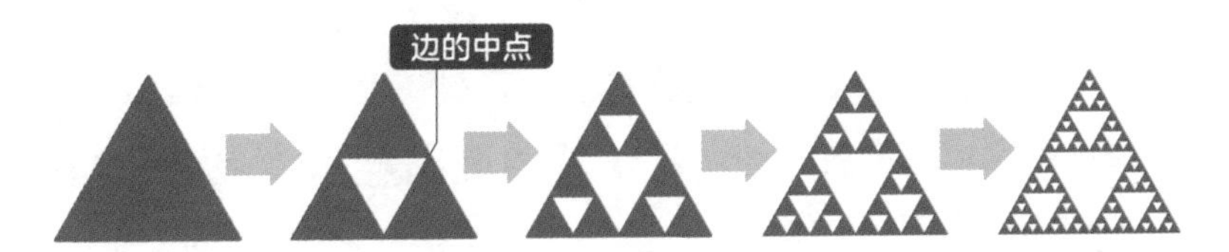

65 游戏理论是用于什么方面的理论？

[知识]

将“怎么算最划算”这种思想理论化的成果，有“纳什均衡”“囚徒困境”等！

玩游戏时为了**获得胜利**需要一些策略。个体或者企业、国家之间发生**利害冲突**时，将“**怎么算最划算**”这种策略进行数学分析、理论化得出的理论，我们称之为“**游戏理论**”。

游戏理论的代表性例子是由美国数学家**约翰·纳什**提出的。**纳什均衡**，简单来说就是“**全员参加，只要自己改变策略就会造成损害的均衡状态**”。比如，A店、B店和C店进行降价竞争，这三家店铺都将价格降到了一个最低限度后，只要自家店铺提高价格，自家店铺就会造成经济损失。因此，无论哪家店铺都无法下决心提高价格（图1）。

此外，还有一个有名的游戏理论——**囚徒困境**。2名犯罪嫌疑人分别在不同房间接受审讯，坦白的人无罪，保持沉默的人将被处有期徒刑10年；2人都保持沉默的话，双方都要被判处有期徒刑2年；2人都坦白的话，双方都被判处有期徒刑5年。2人获服刑最低年数的**最合适的状态（帕累托最优度）**，就是双方都保持沉默，但是当自己选择沉默而对方选择坦白时，对方无罪，对方得利；当自己坦白时，就算对方也坦白了，也比自己单方面保持沉默更有利。因此，**2人都选择坦白，导致不会出现帕累托最优度**（图2）。

游戏理论的代表性案例

▶纳什均衡（图 1）

假设A店、B店和C店采取降价策略因而收益获得提高。

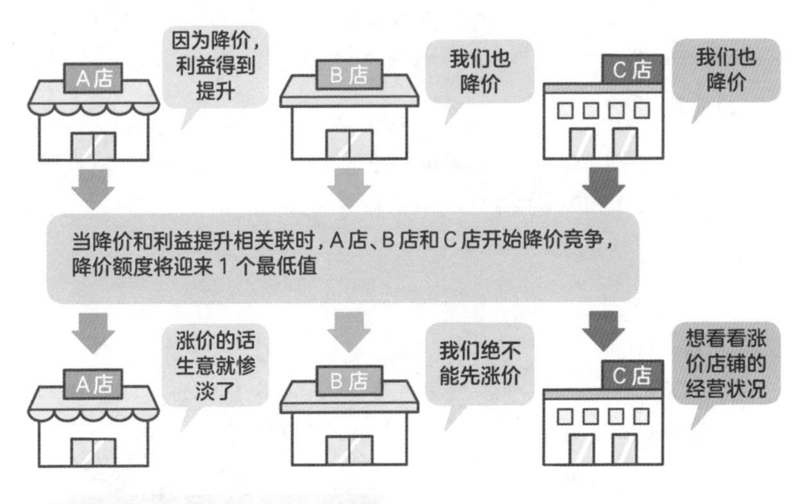

▶囚徒困境（图 2）

不管我坦白还是保持沉默，B坦白的话就会少判刑，他得利

为了躲避危险，只能坦白了

嫌疑人A \ 嫌疑人B	坦白	沉默
坦白	有期徒刑 5 年	只有 B 被判有期徒刑 10 年
沉默	只有 A 被判有期徒刑 10 年	有期徒刑 2 年

纳什均衡（有期徒刑 5 年）　帕累托最优度（有期徒刑 2 年）

理性思考的话，A、B两人都觉得自己坦白更有利，所以都选择坦白，出现纳什均衡状态。

这样可以吗？
数学的选择
⑤

Q 争论的3位女神中，谁是最美女神？

雅典娜 或 阿佛洛狄忒 或 赫拉

雅典娜认为“最美女神不是阿佛洛狄忒”，阿佛洛狄忒认为“最美女神不是赫拉”，赫拉认为“我是最美女神”，那么究竟谁才是最美女神呢？最美的女神只有1位，而且只有她在讲真话。

在这个问题中，我们能切实感受到数学中先假设再验证的重要性。**解数学题时，不应模糊地思考，重要的是先假设，再验证，然后进行逻辑思考。**在这个问题中，条件是“只有最美女神在讲真话”，因此我们分别将每位女神假设为最美女神。

首先我们假设雅典娜是最美女神，那么就变成雅典娜和阿佛洛狄忒2人在讲真话，而这和这个问题的条件相反。

然后我们**假设阿佛洛狄忒是最美女神**，然后我们会发现只有阿佛洛狄忒在讲真话。

为慎重起见，**我们也将赫拉假设为最美女神**，那么就变成雅典娜和赫拉在讲真话。

将3位女神分别假设为"最美女神"

假设雅典娜是最美女神

雅典娜"最美女神不是阿佛洛狄忒" ➡ 真话
阿佛洛狄忒"最美女神不是赫拉" ➡ 真话
赫拉"我是最美女神" ➡ 假话

假设阿佛洛狄忒是最美女神

雅典娜"最美女神不是阿佛洛狄忒" ➡ 假话
阿佛洛狄忒"最美女神不是赫拉" ➡ 真话
赫拉"我是最美女神" ➡ 假话

假设赫拉是最美女神

雅典娜"最美女神不是阿佛洛狄忒" ➡ 真话
阿佛洛狄忒"最美女神不是赫拉" ➡ 假话
赫拉"我是最美女神" ➡ 真话

将3人分别假设为"最美女神"验证后，我们发现和这个问题的条件相符合的只有阿佛洛狄忒是最美女神。就像这样，**假设然后排除矛盾项就能得出正确答案**。

66 数学中的四维是什么意思？

［图形］

数学上用4个坐标轴来思考。维度越高，数学上的自由度就越高！

二维、三维和四维等表现形式，在数学上指的是什么呢？二维是**平面**，三维是在平面上加上深度的**空间**，也就是我们所处的世界。在物理学的相对论中，有将四维视为“空间+时间”的时空概念；而在数学中，四维不仅是物理上的“空间+时间”，还可以更加灵活地思考。在三维空间中，再加上1个坐标轴，就是四维空间。也就是说，**在x轴（横轴）**、**y轴（纵轴）**、**z轴（竖轴）的坐标上再加上w轴**。虽然不能从视觉上认识四维空间，但可以用**四维立方体**来想象。立方体的面是正方形（二维），但是**四维立方体的面是立方体（三维）**（图1）。

实际上，在数学和物理的世界里，用四维以上的**高维**进行计算是最基本的。越高的维度，越没有数学上的束缚，**自由度越高**，越容易解决问题。例如，即使是在平面上错综复杂的线，如果换成空间的话，也可以变成非错综复杂的线(图2)。因此，也可以采用**从更高维度证明数学难题的方法**。

数学中维度的思考方式

四维立方体图像（图 1）

用x轴、y轴和z轴加上w轴的四维坐标表示的四维立方体，投影到三维的影像。数起来一共有32条边。

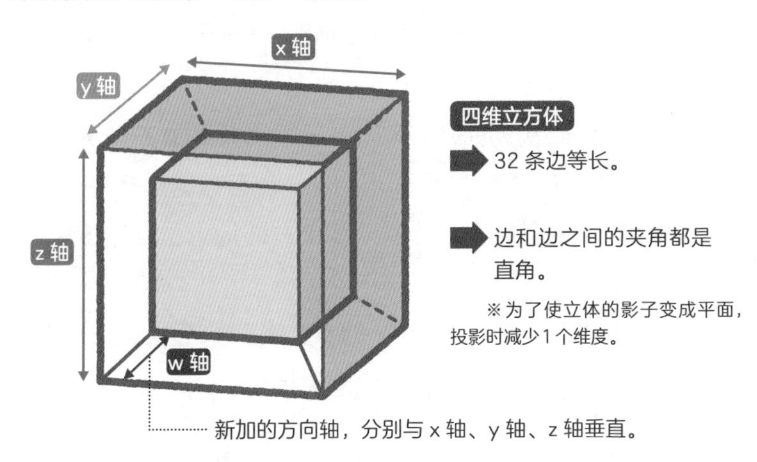

数学维度的差异（图 2）

二维和三维在数学上的自由度是不同的。

如果是二维的话，看起来只是复杂地交织在一起的线。

如果用三维来表现的话，就能形成不纠缠在一起的线。

67 [图形] 能快速测算出地图上图形的面积——皮克定理

使用带有方格的透明板，只要数格点的数量就可以求出面积的公式！

若要求出多边形面积，可以将该图形分割成三角形或四边形。然后把分割的各个图形面积相加，就可以得出多边形面积。但是如果使用**皮克定理**，就能更简单方便地求出不定多边形的面积。

皮克定理的公式十分简单，**即A（格点多边形面积）=i（图形内部格点数）+ $\frac{1}{2}$ b（多边形边上格点数）−1**（图1）。如果将**多边形顶点放在格点（等间距分布的点）上**，无论多复杂的多边形都能通过该公式进行简单计算，求出面积。

将带有与地图比例尺相对应的格点的透明板放置在地图上，通过皮克定理，可以大体估算出国家和湖泊等的面积（图2）。需要注意的是，皮克定理不适用于内部有空洞的多边形。另外，至今没有发现适用于测算多面体之类的立体图形面积的定理。

皮克定理19世纪末由奥地利数学家**皮克**发现。皮克向朋友**爱因斯坦**提供建议，据说对**狭义相对论**也产生了影响。但是因为他是犹太人，遭到了纳粹的迫害，死于集中营。

求出多边形面积的简单公式

皮克定理（图 1）

使用皮克定理可计算出如下图格点多边形的面积。

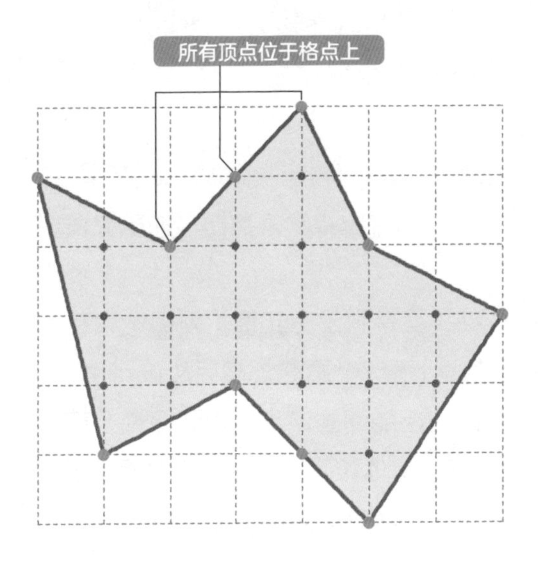

i（图形内部格点数）

紫色点➡16 个

B（边上格点数）

橙色点➡10 个

皮克定理

$A=i+\frac{1}{2}b-1$

面积

根据皮克定理，可求出这个图形的面积。

$A=16+\frac{1}{2}\times10-1=20$

皮克定理的应用（图 2）

将带有格点的透明板放置在地图上，可简单算出大概面积。

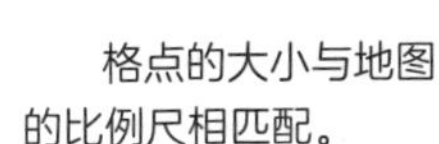
格点的大小与地图的比例尺相匹配。

68 没有正反面的奇妙圆环莫比乌斯带是什么？

[图形]

没有正面（外侧）和反面（内侧）区别的圆环！
没有上下左右的克莱因瓶。

把1根纸条扭转180度后，两头再粘起来做成的纸带圈叫作**莫比乌斯带**。它是在19世纪，由德国数学家**莫比乌斯**研究发现的。

莫比乌斯带最大的特征，就是它没有**正面（外侧）**和**反面（内侧）**的区别。在它的表面上画1个圆点，然后从该点引出1条线，一直这样画下去，最后还能回到该点。也就是说，莫比乌斯带是1个**没有正反的曲面**。球体和圆柱体也都有曲面，但它们的曲面有正反之分，而莫比乌斯带却只有1个面（图1）。换句话说，莫比乌斯带是无法用不同颜色的油漆来区分正反面的。

19世纪的德国数学家**克莱因**发现了**克莱因瓶**。这个瓶子也是1个曲面，它的底部有1个洞。延长瓶子的颈部，并且扭曲地进入瓶子内部，然后和底部的洞相连接。在克莱因瓶的表面画上箭头，箭头无论向哪个方向行进，最后都会回到出发点。克莱因瓶虽然拥有球体的某些性质，但它**不仅没有正反面之分，也没有上下左右的区别**（图2）。

莫比乌斯带和克莱因瓶都属于十分重要的数学发现，它们和研究图形分类等的**拓扑学**（第186页）密切相关。

和拓扑学研究有关的图形

▶莫比乌斯带（图1）

把1根纸条扭转180度后，两头再粘起来做成的纸带圈。

从这个位置按照箭头行进，箭头绕带1周后到达相对的一侧，再行进1周后，回到起点

▶克莱因瓶（图2）

圆管的1个端口插进瓶子内部，然后和底部的洞相连接。

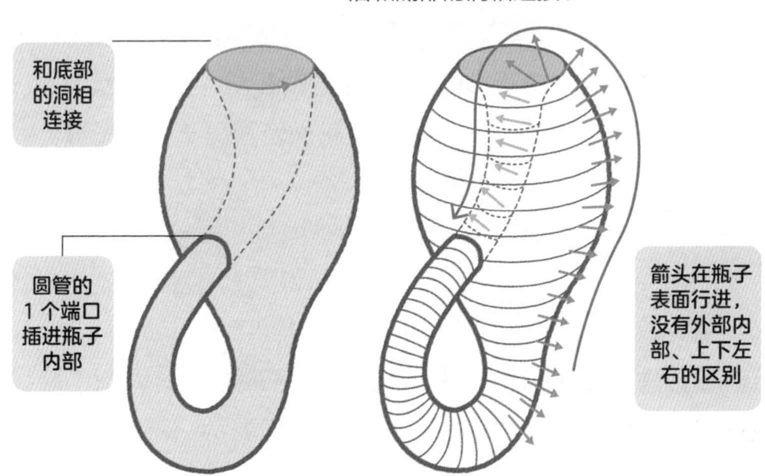

69 [图形] 杯子和面包圈一样？拓扑学的思考方式

在拓扑学里，如果图形在经过压缩和拉伸后还能保持形状不变，那么它们都属于等价图形。

拓扑学是数学的一个分支。简而言之，不对图形做剪切、粘接处理，**通过压缩和拉伸（连续改变形状）后能保持形状不变**，那么它们就都是等价图形。这又是怎么一回事呢？

比如，有1张能够变成许多种形状的橡胶膜。因为使用这张橡胶膜能够制作出圆形、三角形等平面图形，所以在拓扑学里，它们作为**等价图形可归为一类**。另外，把这张膜弄瘪，还可以形成圆锥面和半球面。这些图形和圆形、三角形一样属于同样的形状（图1）。

在立体图形中，**孔洞的数量成为分类标准**。比如，咖啡杯和面包圈的**共同之处在于它们都只拥有1个孔洞**。就像搓揉黏土一样，咖啡杯经压缩后，在拓扑学上和面包圈属于等价图形。然而，有2个把手的汤锅，因为拥有2个孔洞，所以和面包圈分属不同种类的图形（图2）。

拓扑学的思路，有助于人们深入认识**图形的特征和本质**。此外，拓扑学理论在其他各个领域也都得到了广泛应用。例如，**在轨道交通的路线图上**，各个车站间的实际距离、弯曲的路线在地图上经过变形，完全可以用短线加以表示。在这里，就能窥探到拓扑学的思维方式。

拓扑学的基本思路

▶用圆形橡胶膜做成的图形（图 1）

三角形、四边形、半球形都属于等价图形。

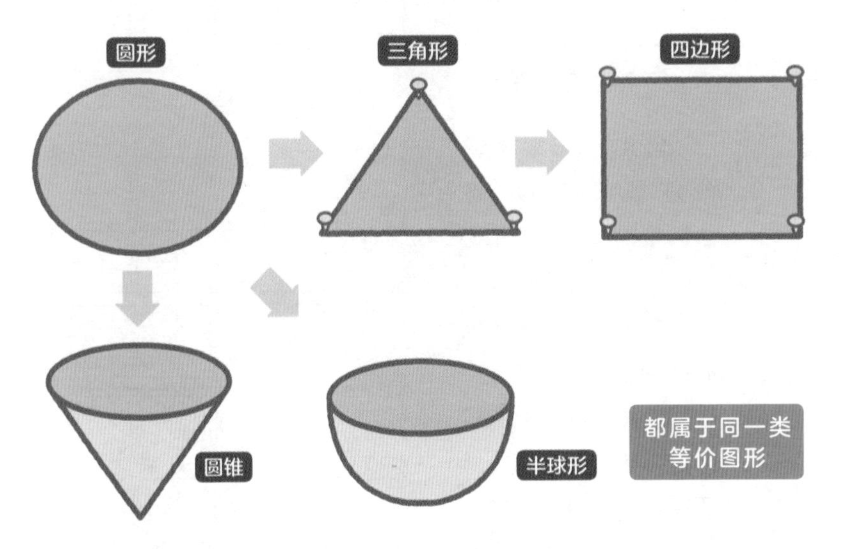

▶咖啡杯和面包圈形状相同（图 2）

改变咖啡杯的形状，把它压缩成面包圈，最后只剩下杯子把手的形状……

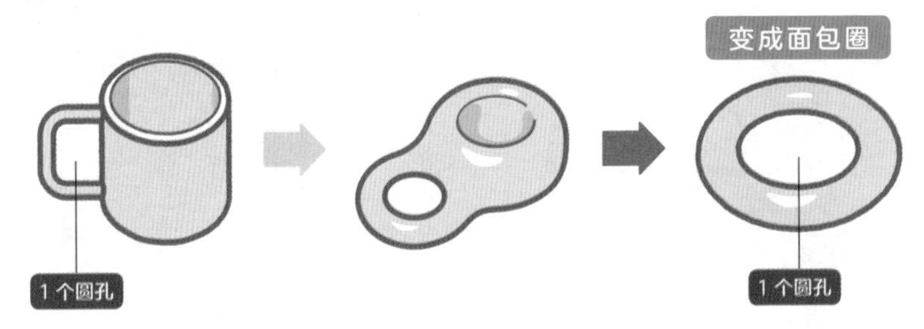

考一考，
问一问！

数学 谜题 8

瞬间到来的世界末日？数学游戏汉诺塔

法国数学家在1883年公布了1个数学游戏：把64个圆盘都搬到指定位置，世界就会在一瞬间毁灭。

A B C

1次

2次

1 台上立着3根棍棒，分别是A、B、C。左边的棍棒上插着3个圆盘。1次只能移动1个圆盘，规定小圆盘上不能放大圆盘。为了把这3个圆盘移动到另外的棍棒上，如右图所示，需要移动7次。

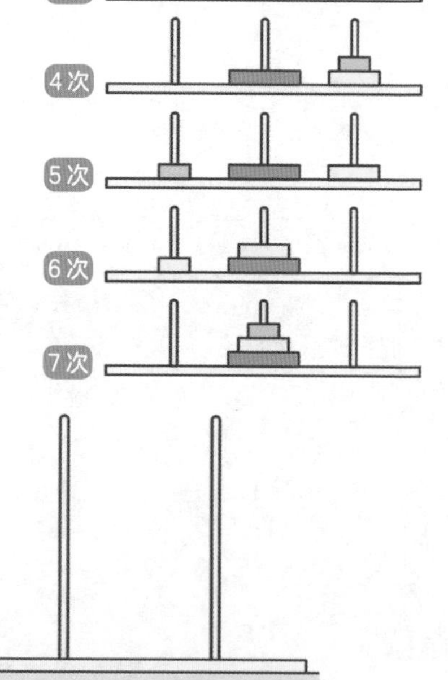

2 那么，如果有64个圆盘，需要移动多少次，才能把圆盘都移动到另外的棍棒上？

答案和解析

首先我们思考一下移动4个圆盘时的步骤。为了把下面最大的圆盘移动到棍棒C，就需要把它上面的3个圆盘移动到棍棒B。如左页所示，这时需要移动**7次**。接着把最大的圆盘移动到棍棒C，把棍棒B上的圆盘移动到棍棒C，这时也需要移动**7次**。也就是说，共需移动**15次**。同样道理，如果移动5个圆盘，需要移动**31次**。

移动 4 个圆盘时的步骤数

7 次（移动 3 个圆盘时的步骤数）+1 次（把最大的圆盘移动到棍棒 C）+7 次（移动 3 个圆盘时的步骤数）=15 次

移动 5 个圆盘时的步骤数

15 次（移动 4 个圆盘时的步骤数）+1 次（把最大的圆盘移动到棍棒 C）+15 次（移动 4 个圆盘时的步骤数）=31 次

由此可见，n−1个圆盘移动的次数乘以2再加1，就是移动n个圆盘时所需的次数。公式如下：

2^n-1

移动64个圆盘时，由上述公式可知：

➡ $2^{64}-1=18446744073709551615$ 次

没想到移动64个圆盘竟然需要这么多次，**即使1秒移动1次，也需要花费5800亿年**。现在宇宙的年龄是137亿年，这个数字远远超过了宇宙的年龄。可以说，的确是到了世界末日。

70 [图形] 你知道宇宙的形状吗？什么是庞加莱猜想？

不管把绳子放在哪里都能收缩到一点，那么这个空间就是1个圆球。这个猜想和揭开宇宙之谜有很大关系！

20世纪初，创立**拓扑学**的法国数学家**庞加莱**提出了一个猜想：任何一个单连通的、闭的三维流形，一定同胚于一个三维的球面。这就是**庞加莱猜想**。

上述表述方式比较难懂，简而言之，这个猜想的意思是：**不管把绳子放在哪里，都能收缩到一点的图形就是球形**（图1）。所谓单连通，意味着这个空间就像球体一样，其中每条封闭的曲线都可以连续地收缩为一点。例如，在面包圈的图形中，绳子不是拴在面包圈上，就是掉进面包圈的洞里，无法收缩。这就不是单连通。

根据庞加莱猜想，1艘宇宙飞船带着1根无限长的绳子出发，绳子的一端固定在地球上，飞船环绕宇宙空间1圈后返回地球。如果可以拽着绳子的两头收回绳子，**就能证明宇宙大体是球形的。也就是说，庞加莱猜想或许能够成为帮助我们了解宇宙形状的一大线索**。

然而要想证明庞加莱猜想是极其困难的。就连庞加莱自己也未能证明这一猜想。在他去世后的100多年间，无数的数学天才发起了挑战，但都以失败而告终。直到2003年，俄罗斯数学家佩雷尔曼终于解决了这一世纪难题。

无法解决的世纪难题

▶单连通图形（图 1）

不管把绳子放在哪里，都能收缩到一点的图形。

单连通

放置在球体上的 1 根绳子不断缩短下去，能收缩到一点。

非单连通

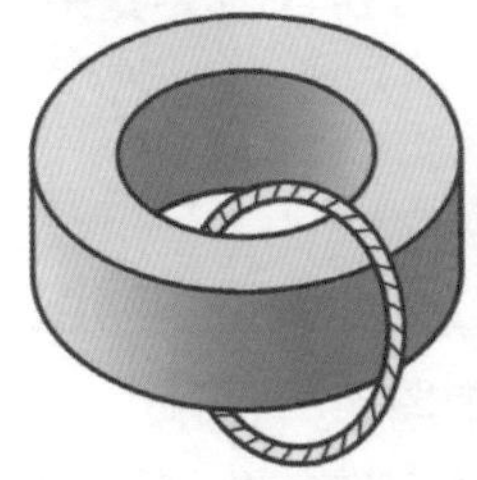

拴有绳子或者绳子掉进洞里的面包圈图形不是单连通。

▶庞加莱猜想解开宇宙之谜（图 2）

1

假设宇宙飞船带着 1 根无限长的绳子环绕宇宙飞行，这根绳子的另一端连着地球。

2

宇宙飞船返回地球后，如果可以收回绳子，就能认为宇宙大体呈球形。

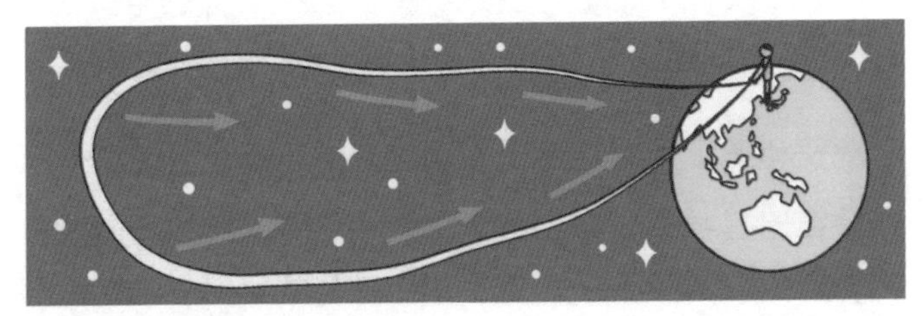

71 [解析] 数学中的重要常数——纳皮尔常数是什么？

源于利息计算的自然常数，1年之内无限次结算利息，1元本金竟然增加到了2.7倍！

圆周率（3.1415……）这样的数字叫作**常数**，数学中有很多这样的常数。**纳皮尔常数（2.7182……）**也是其中之一，它是在计算**金钱的利息**时被发现的。

例如，假定在银行存入本金100万元的年利率是100%（1年后变为2倍的利率），1年后本金变为200万元，半年的话就是150万元（本金的1.5倍）。如果半年后取出150万元再重新存入银行，再过半年就会变成150万元的1.5倍，也就是说变成了225万元。**比起1年后取出本金来说，把钱分2次（共计1年）存入银行获利更多**。

如果分3次存入的话，1年后就会得到237万元，分4次存入就变成了244万元。也就是说，把1年分为$\frac{1}{x}$，**按照x的次数反复存钱，x值越大获利越大**（图1）。那么，假设x为无限大，那么最后能获利多少呢？

瑞士数学家**雅各布·伯努利**提出了一个关于复利的问题，本金为1，年利率为1，如果1年计息x次，每次利率为$\frac{1}{x}$，那么1年能获利多少？解答这个问题的数学公式是$\lim_{n\to\infty}(1+\frac{1}{x})^x$，伯努利计算出其数值**收敛到2.7182……**（图2）。即无论如何反复存钱，2.7是1个大约的界限，这个数值就是纳皮尔常数。

诞生于利息计算中的“纳皮尔常数”

▶分割次数越多获利越多的原理（图1）

假设把本金100万元按年利率100%存入银行。

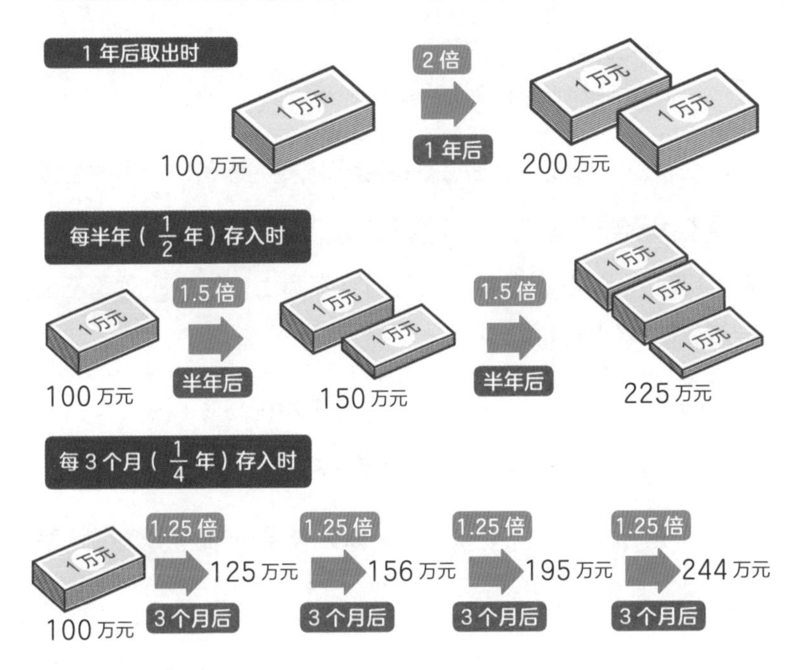

▶1年中无限次的利息计算公式（图2）

假设本金为1，年利率为1，计息次数为x次……

72 [解析] 通过纳皮尔常数能知道抽签抽中的概率吗？

抽中还是抽不中的概率，和纳皮尔常数有很大关系！

在游戏中想要通过抽签获取自己想要的装备时，有时会显示**装备的出现率**。**如果出现率是10%，概率就是$\frac{1}{10}$**。那么连续抽取10次，就能得到想要的装备吗？实际上，**抽中的概率不是这样的**，让我们来计算一下吧！

假如第1次抽中的概率是$\frac{1}{10}$，未中的概率就是$\frac{9}{10}$。连续抽2次的概率应该是$\frac{2}{10}$，但其实并非如此。连续2次抽不中的概率是$\frac{9}{10}\times\frac{9}{10}=\frac{81}{100}$，所以2次至少抽中1次的概率是$1-\frac{81}{100}=\frac{19}{100}$（19%），这个数值比20%要略低一点。3次抽中的概率是27.1%，4次是34.39%，抽10次的概率约为65%。也就是说，抽中的概率仅仅是$\frac{2}{3}$（图1）。

在出现率为$\frac{1}{x}$的情况下抽取100次、10000次直至无穷多次，**计算公式为$\lim_{n\to\infty}\left(1-\frac{1}{x}\right)^{x}=0.36787\cdots\cdots$（%）**。该数值换算成分数是$\frac{1}{2.7182\cdots\cdots}$，**分母恰恰就是纳皮尔常数（e）**。可见，纳皮尔常数并非只和利息有关，它是1个在概率计算中非常重要的数。

抽签抽中和纳皮尔常数的关系

▶游戏中抽中的概率（图 1）

出现率为 10%，抽取 10 次的情况下

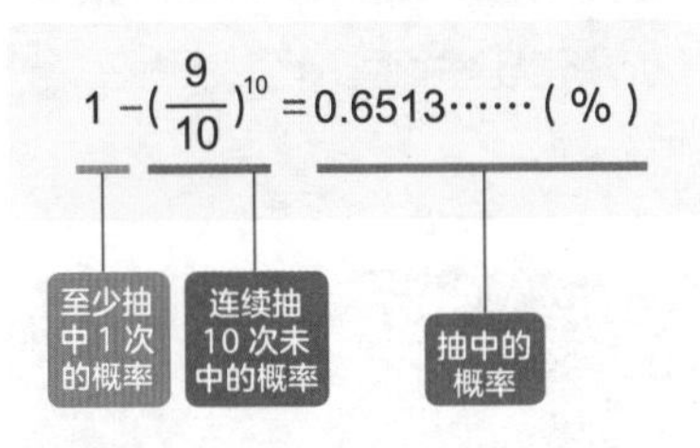

出现率为 1%，抽取 100 次的情况下

$$1-(\frac{99}{100})^{10}=0.633967\cdots\cdots(\%)$$

和出现率无关，不断增加抽取的次数，抽中的概率 约为 63%。

▶无限次抽取时抽不中的概率（图 2）

出现率为 $\frac{1}{x}$，抽取的次数为 x，公式如下：

$$\lim_{n\to\infty}(1-\frac{1}{x})^{x}=0.36787\cdots\cdots=\frac{1}{e}$$

无限次分割

无限不循环小数（无理数）

纳皮尔常数

老鼠算

老鼠算是指计算一定时期内老鼠只数增加趋势的一种数学算法，这涉及等比数列（第104页）问题。在老鼠算算法中，由于老鼠的数量会出现爆发性增长，所以这种现象又被称为几何式增长。

问 1对老鼠1月生了12只小老鼠，2月包含这对老鼠在内的7对老鼠各生了12只小老鼠。照这样生下去，每个月每1对老鼠生出12只小老鼠。那么到了12月份，会有多少只老鼠?

小贴士

- 要考虑每个月会增加多少只老鼠!
- 增加的老鼠除以2就是老鼠夫妇的数量!
- 探寻老鼠繁殖方式的规律!

解法

1月增加了12只老鼠，加上第1对老鼠，共有14只。所以把这个数字除以2，就能得出老鼠夫妇的数量，共有7对。

2月，这7对老鼠分别生了12只小老鼠，小老鼠的数量是7×12 = 84只。加上1月的14只，共有98只。

照这样计算下去的话，虽然也能得出答案，但是计算过程很麻烦，不如去寻找其中的规律性。

1对老鼠能生出12只老鼠，也就是说，1对老鼠每个月能生出6对老鼠来。所以把上个月的老鼠数量除以2后的得数乘以6，就能计算出某个月增加了多少只老鼠。然后，再加上个月的老鼠数量，就能得出某个月共有多少只老鼠。

计算某个月份老鼠数量的数学公式：

（上个月的老鼠数量）+（上个月的老鼠数量 ×6）=（上个月的老鼠数量 ×7）

即从1月到12月出生的老鼠数量，可以用以下公式求得。

2 × 7 × 7 × 7 × 7 × 7 × 7 × 7 × 7 × 7 × 7 × 7 × 7

1月 2月 3月 4月 5月 6月 7月 8月 9月 10月 11月 12月

计算结果是，共有27682574402只。

答 27682574402只

其他解法

老鼠算法在数学上属于等比数列，这里用到了求等比数列任意项a_n的公式$a_n = a \times q^{n-1}$，其中首项为a、公比为q。任意项就是12月老鼠的数量，$2 \times 7^{13-1} = 27682574402$。

73 世界可以数式化？函数和坐标的秘密

[解析]

通过函数和坐标，可以用代数式表示现实世界的各种现象！

有2个变数（没有固定的值），其中1个变数的数值确定后，另1个变数对应的数值也随之发生变化……这种关系就称为**函数**。通俗地讲，**函数就是一种变换数值的规则**。假定2个变数为x和y，**函数表达式就是$y = f(x)$**。

例如，函数$y = 2x + 1$中，x为1时y为3，x为2时y为5。函数中用**$y = ax + b$来表示一次函数**，**用坐标就表示是1条直线**。坐标是指能确定平面上或空间中一点的位置的、有次序的1个组或1组数。一般来说，数学上横轴用x、纵轴用y表示。

一次函数中，a值越大，直线的倾斜度越大；a值越小，直线的倾斜度越小。**这条直线的倾斜度属于平均变化率问题**，它表示y的增量与x的增量的比。**二次函数用$y = ax^2 + bx + c$表示**，在坐标系中呈**曲线（抛物线）**形状（图1）。

在17世纪的欧洲，函数和坐标因炮弹的弹道研究有了很大进展，**自然现象的基本法则可以用代数式来表示**（图2）。还有，为了理解数学上的微分（第200页）和积分（第204页），需要用到函数的相关知识。

与现实世界有关的函数和坐标

▶一次函数和二次函数（图1）

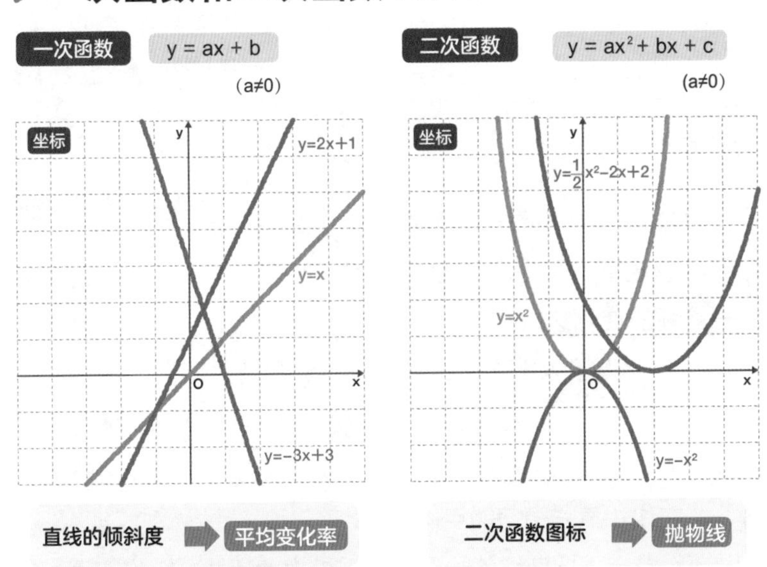

▶坐标中表示的弹道（图2）

用坐标和函数的数式表示炮弹的轨迹，可以计算出炮弹着地点。

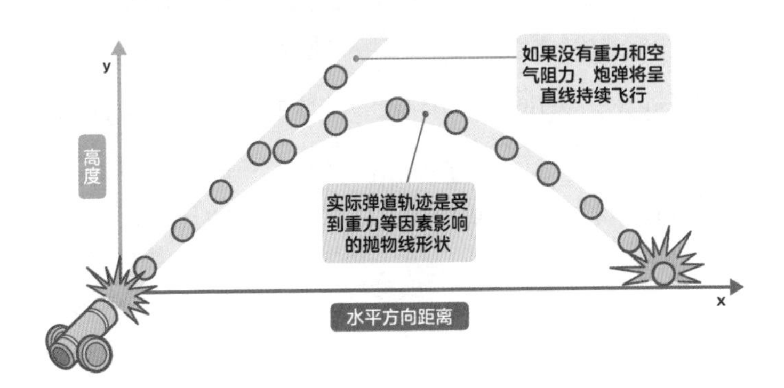

74 什么是微分？它是用来求什么的？

［解析］

微分是从微观认识曲线的一种思维方式，能够感知事物瞬间发生的变化！

微分是一种基本的数学方法，**从细微之处区分调查，可以帮助我们了解函数在某一点处的变化量**。在数学上，“对于函数y=f（x），为了求出它切线的斜率，需要建立函数（导函数）y’=f’（x）”。切线指的是**一条刚好触碰到曲线上某一点的直线**，即“**切线在切点附近的部分最接近曲线在切点附近的部分**”。曲线和直线相切的点叫作切点。

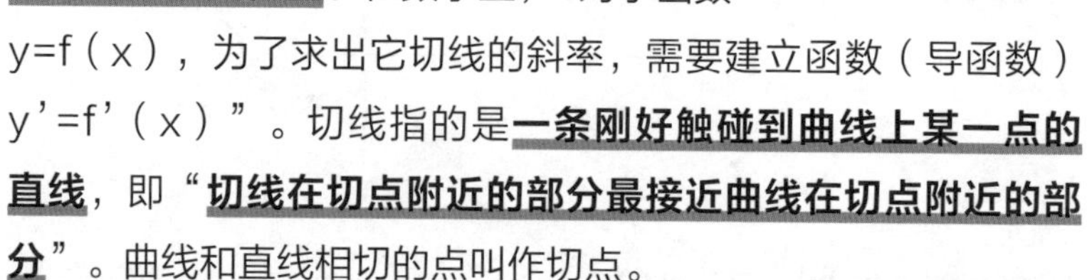

请想象一下把曲线的一部分无限扩大的情景，这样的话，曲线的那部分几乎成为一条直线。例如，地球虽然是圆的，但我们感觉地面是平的。地球的切线，就像是放在地面上的一条无限延伸的棍棒。这样一来，想象起来就很简单了(图1)。

下面，我们以汽车为例考虑一下微分问题。用两点之间的行进距离除以所需时间，可求得速度。因此，1小时（60分钟）行驶100千米的汽车的时速就是100千米，**但是实际上汽车的行驶速度并不是总保持在每小时100千米，时常需要加速或者减速**。

想象中的地球切线（图1）

把地球的切线想象成放在地面上的一根无限延伸的直线，就很容易理解了。

在表示汽车时间和距离变化的函数里，汽车从起点出发，为了知道经过多少分钟后汽车的**瞬时速度**，怎么计算才好呢？计算瞬时（点）速度并没有想象中那么容易，**但是如果无限缩小两点之间的距离，采用微分的思路，可以认为这两个点就是1个点**。也就是说，这一点的变化比率（切线斜率）和汽车的瞬时速度有关（第202页图2）。

切线的斜率反映了该曲线的变量在此点处的变化的快慢程度。如果$y=x^2$，$x=-1$时的斜率为-2，$x=0$时的斜率为0，$x=2$时的斜率为4，那么计算$y=x^2$的所有点的切线斜率的函数就是$y'=2x$。**这个函数称为导函数（简称“导数”），用$f'(x)$表示。求导函数的过程，就是微分**（第203页图3）。一般而言，**$y=x^n$的导函数是$y'=nx^{n-1}$**。

下面解释一下微分和纳皮尔常数e（2.7182……）的关系，表示$y=e^x$切线斜率的函数是**$y'=e^x$**。也就是说，**原函数和导函数一致**。由于不存在其他这样的数，所以对于微分来说，纳皮尔常数是最重要的数（第203页图4）。

切线斜率是瞬时（点）的变化率

▶求汽车的瞬时速度（图 2）

一辆汽车以每小时100千米的速度行进。

斜率是表示一条直线（曲线的切线）关于（横）坐标轴倾斜程度的量。

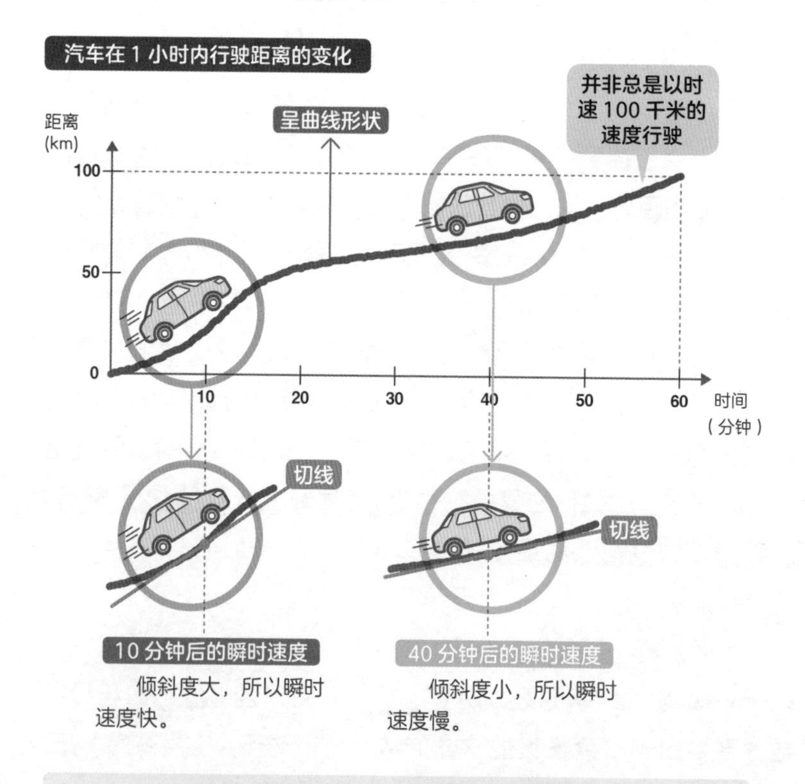

知道切线的斜率，就能求出瞬时速度！

微分中的求导函数

▶ $y=x^2$ 的切线和导函数（图 3）

能求出任意一点切线斜率的函数称为导函数。

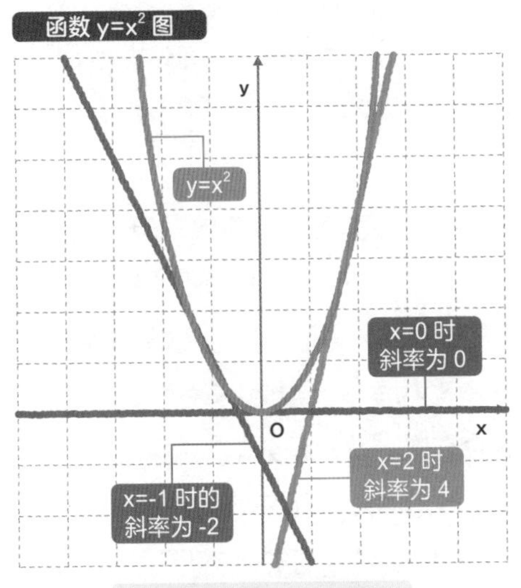

微分就是用来求导函数的！

$y=x^2$ 的导函数是
$y'=2x$

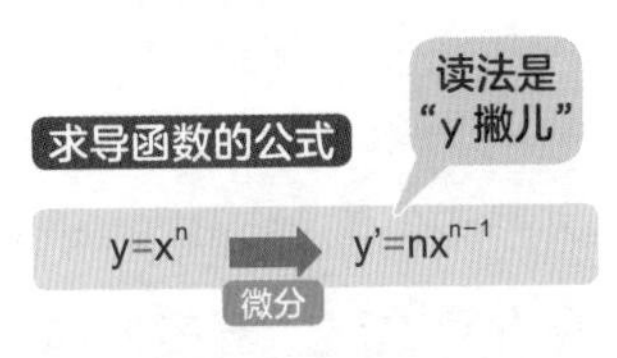

如果$y=2x^3+1$，常数2表示倍数关系，在微分之后乘以2。+1和图像的斜率无关，可以忽视。因此，求导函数的公式如下所示：

$$y'=2\times 3x^{3-1}=6x^2$$

▶ 微分和纳皮尔常数的特殊关系（图 4）

$y=e^x$的图表中，原函数和导函数具有完全相同的性质。也就是说，e^x在微分和积分中都是唯一不变的函数，使用这个函数能够解开多种微分方程。

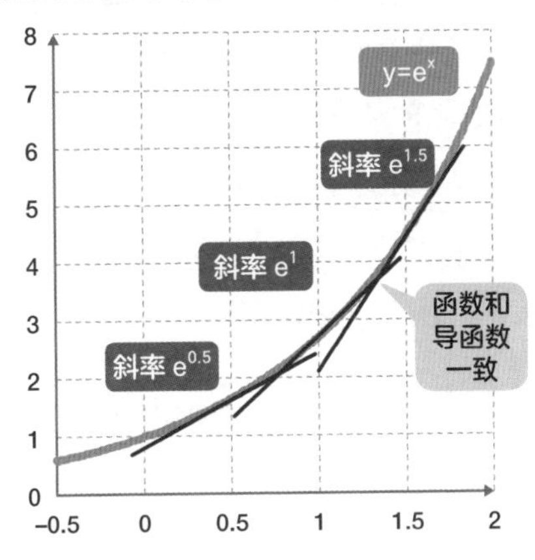

75［解析］什么是积分？它是用来求什么的？

积分是与微分相对应的一种数学思维方式，能够求出曲线所包围的面积！

据说计算由直线包围的图像面积虽然比较简单，但正确求得**曲线所包围的面积**却十分困难。为了计算这些图形的面积，**阿基米德提出了著名的逼近法**。这种方法是把所求范围分割成几个三角形，然后再把这些三角形的面积都加起来（图1）。为了**计算曲线围起来的面积而产生的方法，就是积分**。

像逼近法这样把分割后的各个面积加起来的方法既烦琐，又不准确。**牛顿**在17世纪发现，**积分细分割的基本原理和思维方式与微分有异曲同工之妙**；**微分和积分互为逆运算关系**。而且，他还发现了求出函数曲线所包围的范围面积的正确定理。这样一来，微分和积分结合在一起，形成了**微积分学**。

首先我们来介绍一下积分的基本知识。原来的函数是$y=x^2$的情况下，求它的微分，导函数变为$y'=2x$。由于微分和积分是互为对应关系，求积分后就会变成原来的函数。进而求原来函数的积分，变为另外的函数$y=\frac{1}{3}x^3$，称为**原函数**，用$\int ydx$来表示（第206页图2）。

▶阿基米德的逼近法（图1）

求抛物线和直线围起来的面积

以AC作为底边，抛物线上的最高点为B，取这3个点构成1个三角形。余下的空间，也以同样方法构成三角形。然后把所有三角形的面积都加起来，就是总面积。

多次重复这样的方法，就能基本上求出正确的面积。

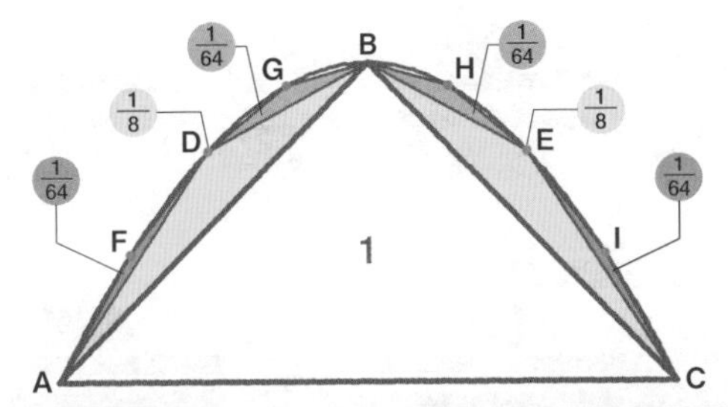

阿基米德

假设三角形 ABC 的面积为 1，黄三角形的面积就是 $\frac{1}{8}$，绿三角形和蓝三角形的面积就是$\frac{1}{64}$。合计面积公式为 $1+\frac{1}{8}\times 2+\frac{1}{64}\times 4=\frac{21}{16}$（正确值为 $\frac{3}{4}$）

那么，用这样的原函数，为什么能求出曲线所包围的面积呢？我们可以把直线y=2x作为切入点。这条直线和x轴以及与y轴平行的直线构成三角形。因为面积是通过底边（x）×高（2x）÷2计算，所以求面积的算式为$y=x^2$。该算式就是求**y=2x积分时的原函数**。如此一来，**求某个函数的积分就是推导出求面积的函数**（第207页图3）。

另外，如果求曲线下面部分的面积，又会是怎样一种情形呢？在积分里，可以考虑“**切分成便笺那样的长方形，然后把它们的面积都加在一起**”。便笺越宽误差越大，只有最大限度地缩小便笺的宽度，才能最大限度地求出准确的面积。表示原函数的**$\int ydx$，意味着所有便笺面积（y×dx）的累加**。因此，曲线和x轴以及与y轴平行的直线围成的图形面积就可以用原函数计算出来（第207页图4）。

积分就是求原函数

▶微分和积分的互逆关系（图 2）

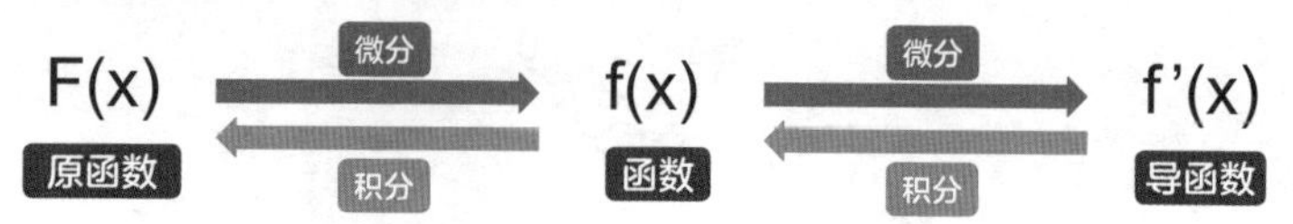

例如，原来的函数是 $y=x^2$ 时。

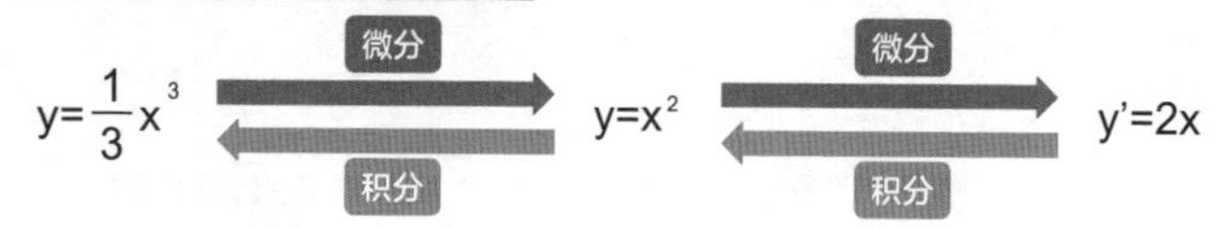

求原函数的公式

$$\int ydx=\frac{1}{n+1}x^{n+1}+C$$

C 为常数 无论是什么数，微分后均为0。

12 艾萨克·牛顿

（1643—1727）

英国数学家、物理学家。提出万有引力定律，在研究证明物体运动定律的过程中创造和发展出了微积分学。

13 戈特弗里德·威廉·莱布尼茨

(1646—1716)

德国数学家。和牛顿在同一时期先后独立研究微积分学，使之体系化。发明了微积分中使用的数学符号并加以科学定义，确立了微积分的重要地位。

通过原函数求面积

用积分能求面积的理由（图3）

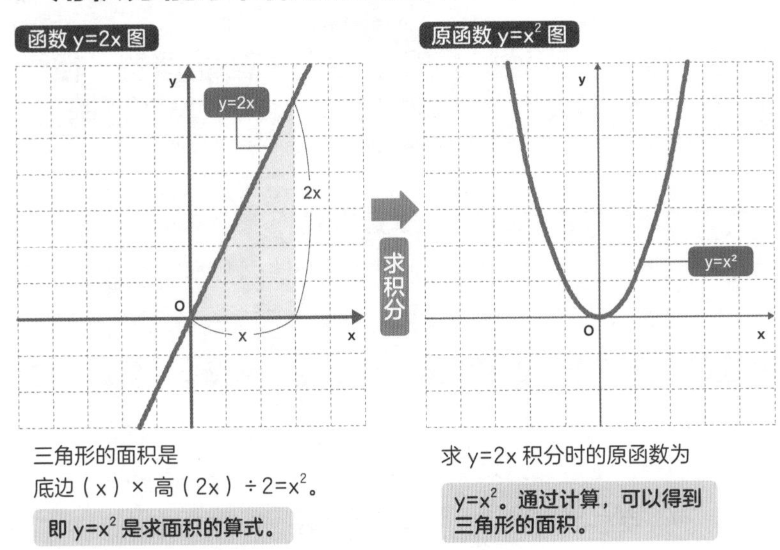

三角形的面积是
底边（x）×高（2x）÷2=x^2。

即 $y=x^2$ 是求面积的算式。

求 y=2x 积分时的原函数为

$y=x^2$。通过计算，可以得到三角形的面积。

求曲线下面部分面积的思路（图4）

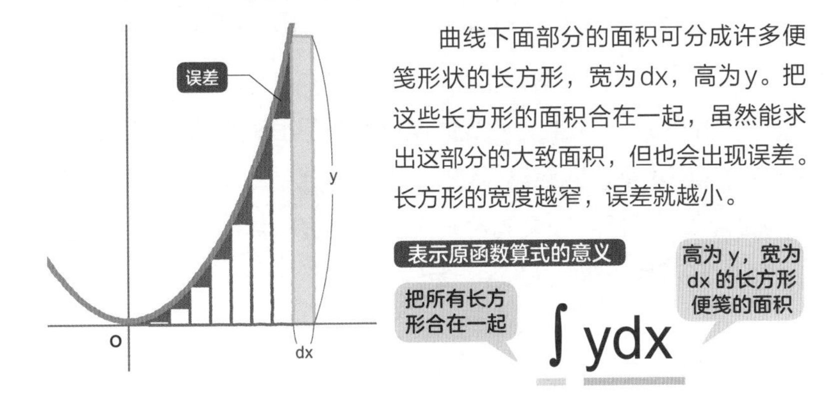

曲线下面部分的面积可分成许多便笺形状的长方形，宽为dx，高为y。把这些长方形的面积合在一起，虽然能求出这部分的大致面积，但也会出现误差。长方形的宽度越窄，误差就越小。

76 [数学] 300 多年都没有解决的难题——费马大定理

费马大定理的内容连中学生都能理解，但直到费马去世 300 多年后才有人做出了证明！

你们知道**费马大定理**吗？即使对数学不感兴趣的人，可能也都通过新闻媒体听说过它吧。17世纪的法国数学家**费马**在一本书的空白处写下了这个定理，同时他又补写了一句话：“**关于此，我确信已发现了一种美妙的证法，可惜这里空白的地方太小，写不下。**”

在费马留下的无数定理中，唯独这个定理谁都无法证明，因此也被称作**费马最后定理**。费马大定理说：“**当整数n>2时，关于x，y，z的方程 $x^n+y^n=z^n$ 没有正整数解**。”n为1时，$1^1+2^1=3^1$是自然数的加法。n为2时，就是**勾股定理**，存在无数像$3^2+4^2=5^2$这样的情况。然而n为3时，$x^3+y^3=z^3$这一方程式不成立，即使是4以上的数字也同样不成立（图1）。说到这个“不能被证明的定理”，**虽然许多数学家都觉得很难证明，但只要具有中学生的水平，就能理解这个只用1行代数式就能表达的定理的意思**。1995年，在费马离开人世300多年后，英国数学家**安德鲁·怀尔斯**终于证明了这一定理（图2）。

300 多年都没有解开的难题

▶费马大定理（图 1）

当整数 $n>2$ 时，
关于 x，y，z 的方程
$x^n+y^n=z^n$ 不存在正整数解

据说，由于证明这个定理需要最新的数学知识，费马想到的证明方法也许有误。

费马

▶费马大定理的证明方法（图 2）

该证明方法十分难懂，概要如下：

1 假如费马大定理不成立，由费马方程可构造一个弗雷曲线

$y^2=x(x-a^n)(x+b^n)$，它不可被模形式化。

※ 模形式是一种对称性很高的函数。

2 弗雷曲线是一条半稳定的椭圆曲线，不可被模形式化。

3 通过证明“所有的半稳定椭圆曲线可被模形式化”，与**1**的假设发生矛盾，从而证明费马大定理是正确的。

77 虚数是什么数？有什么作用？

［数学］

虚数的单位是i，在量子力学领域是一个必不可少的概念。

虚数到底是什么？虚数就是−1的平方根，它可以用数式$x^2=-1$表示，也可以变换为$x=\sqrt{-1}$。也就是平方是负数或根号内是负数的数。18世纪的瑞士数学家**欧拉**，把$\sqrt{-1}$定为**虚数单位**，用**符号i**加以表示。

使用实数的数轴，可以帮助我们更好地理解i。在这根数轴上，有两个反向的点：+1和−1。这根数轴的正向部分，可以绕原点旋转。显然，逆时针旋转180度，+1就会变成−1。$i^2=-1$意味着1乘以2次i后变成了−1。也就是说，**1乘以1次i，逆时针旋转90度后变成了i；再乘以1次i，再逆时针旋转90度后就变成了−1**。这样一来，水平数轴（实轴）表示**实数**，垂直数轴（虚轴）表示虚数的话，i就可视化了(下图)。拥有实轴和虚轴的平面叫作**复数平面**，实数和虚数组合而成的数叫作**复数**。

在研究原子和电子运动规律的量子力学领域，复数这个概念不可或缺。原子和电子的运动过于复杂，在实数的范围内无法通过计算解决。但是，如果使用包含虚数的**欧拉公式**(第212页)，就可以解决。也就是说，如果没有发现虚数，电脑也不会诞生。

用可视化的方式理解虚数

▶虚数单位和复数平面

虚数单位i的定义

满足 $i^2=-1$ 的数

就会变成 $i=\sqrt{-1}$

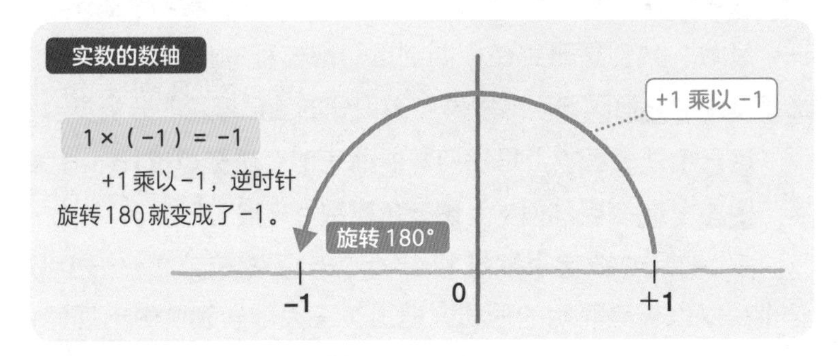

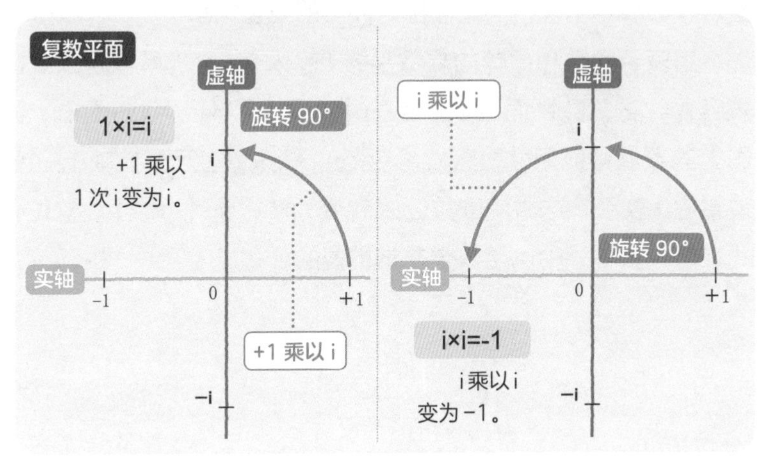

78 人类的至宝？欧拉公式

［数学］

代数学、几何学和分析学是数学的三大核心领域，1个简明数式就能把它们都囊括其中！

数学到底是什么？数学有三大领域，这也是数学的基础。这三个领域，分别是研究使用四则运算解方程的**代数学**，研究图形和空间的**几何学**和研究发展自微积分的函数理论的**分析学**。

这三个领域基本上是独自发展而来的。**虚数单位i**来自代数学，**圆周率π**来自几何学，**纳皮尔常数e**来自分析学。

瑞士的天才数学家**欧拉**1748年提出了**欧拉公式$e^{i\pi}+1=0$**。这个公式以极其简明的形式，把上述三大数学领域中出现的特殊现象都表示出来，因此被称为**人类的至宝**（图1）。

用表示实数和虚数的复数平面（第210页）来理解欧拉公式比较容易。在复数平面上以原点为中心画1个半径为1的圆形，圆周上的数值可以用欧拉公式$e^{i\theta}=\cos\theta+i\sin\theta$表示。实轴上−1的位置由iπ表示，这时的欧拉公式就变为了$e^{i\pi}=-1$（图2）。欧拉公式在微分方程式中也是一个非常重要的公式。

欧拉公式重要的原因

▶连接数学三大领域的欧拉公式（图1）

数学由代数学、几何学和分析学3个基本领域组成。

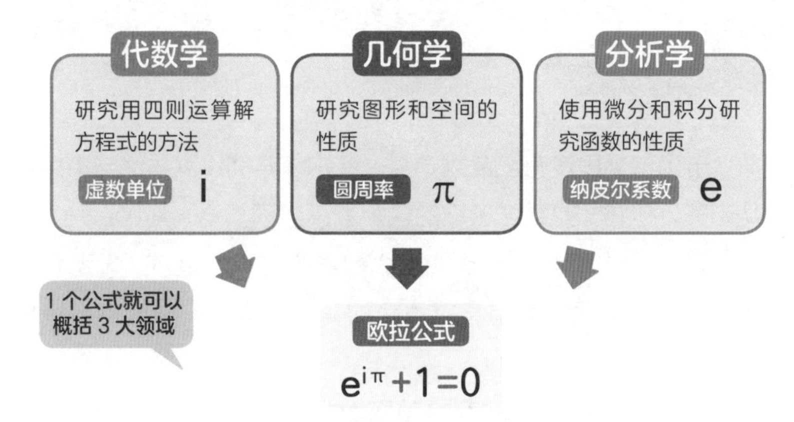

▶用复数平面表示的欧拉公式（图2）

在复数平面上，以原点为中心画1个半径为1的圆形。

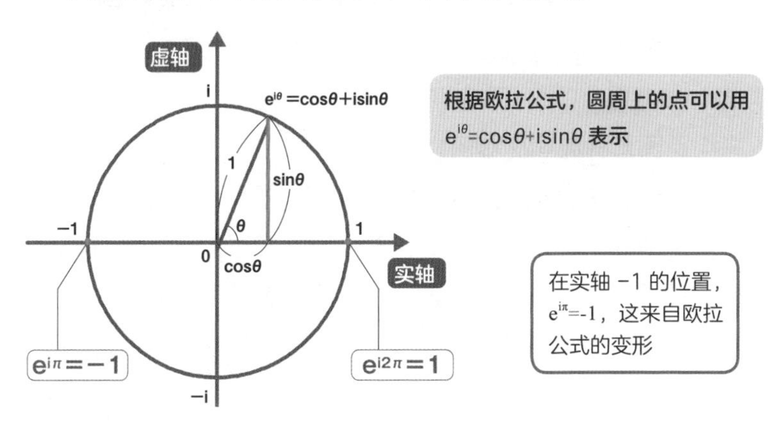

79 [知识] 数学界的诺贝尔奖——菲尔兹奖是什么奖？

40 岁以下青年数学家的殊荣，迄今为止日本有 3 名数学家获奖！

诺贝尔奖里没有设置数学奖。菲尔兹奖的设立虽然与诺贝尔奖无关，但它却是数学领域的**国际最高奖项**，引人注目。

1936年，菲尔兹奖因加拿大数学家约翰·查尔斯·菲尔兹而设立，目的是表彰有卓越贡献的青年数学家，鼓励他们多做研究。

菲尔兹奖在四年一度的**国际数学家大会（ICM）**上颁发，每次授予2～4名**40岁以下的数学研究者**，每人获得1.5万加元奖金和金质奖章1枚（图1）。

截至2020年，世界上共有60人获奖，日本人中有3人获奖，他们分别是**小平邦彦**（1954年获奖）、**广中平祐**（1970年获奖）和**森重文**（1990年获奖）（图2）。另外，获奖者中有42人来自**美国普林斯顿高等研究院**。

虽然有“未满40岁”这条规定，但证明了费马大定理的**安德鲁·怀尔斯**，尽管在1998年已45岁，还是受到了特别表彰。另外，证明庞加莱猜想的**格里戈里·佩雷尔曼**在2006年被授予菲尔兹奖，但他拒绝领奖，理由是“自己的证明正确就足够了，没必要领奖”。

数学界的最高奖项

菲尔兹奖奖章（图1）

菲尔兹奖奖章正面是阿基米德的浮雕头像，而且头像周边刻有拉丁文，意思是“超越自我，掌握世界”。获奖者的名字会被刻于奖章边轮。

获得菲尔兹奖的日本人（图2）

截至2020年，在按照获奖者数量多少的国家排名中，日本居第五位。

小平邦彦	广中平祐	森重文
（1915—1997）	（1931— ）	（1951— ）
毕业院校	毕业院校	毕业院校
东京大学	京都大学	京都大学
获奖年份	获奖年份	获奖年份
1954年	1970年	1990年
获奖理由	获奖理由	获奖理由
●调和积分理论；“二维代数簇（代数曲面）”分类	●“任何维数的代数簇的奇点解消”研究	●证明存在“三维代数簇极小模型”

15 个 奇妙的优美图形定理

图形中有各种各样的定理。

下面介绍的15个定理，可以让我们窥探到有关图形的不可思议的性质。

1「泰勒斯定理」

大致而言，是理解圆周角性质的定理！

提出者 **泰勒斯？**（古希腊数学家）

约公元前 7 世纪

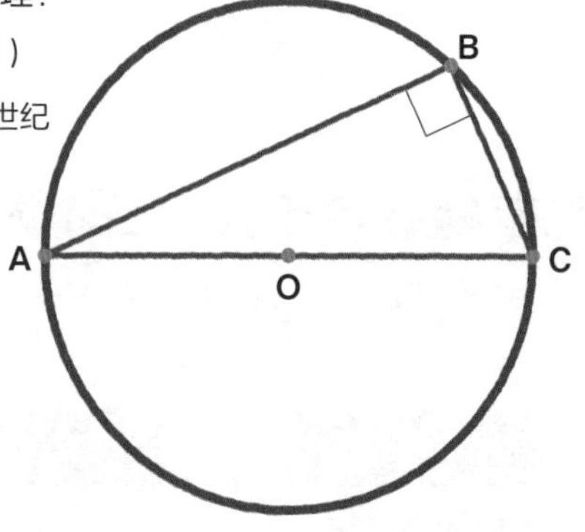

“直径所对的圆周角是直角”，也就是说，若A、B和C是圆周上的三点，且线段AC是该圆的直径，那么∠ABC必然为直角。据说由古希腊数学家泰勒斯证明，该定理是关于圆周角的一个定理。

圆周角定理

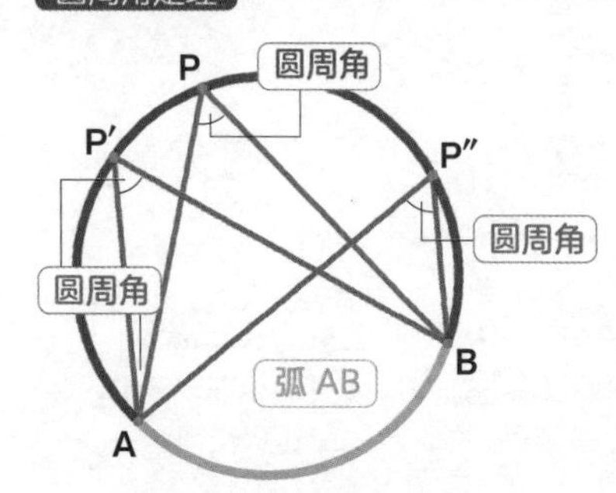

一条弧 AB 所对圆周角都相等。

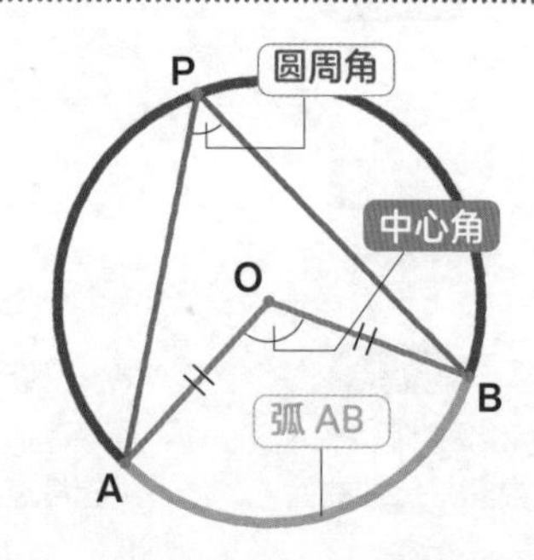

一条弧 AB 所对圆周角等于它所对圆心角的一半。

2「中线定理」

大致而言，是理解三角形中线和边长的定理！

提出者 **阿波罗尼奥斯**（古希腊数学家）

约公元前 3 世纪

在三角形ABC中$AB^2+AC^2=2(AM^2+BM^2)$成立。M是BC的中点。此定理又叫作阿波罗尼奥斯定理，因为是由阿波罗尼奥斯发现的。

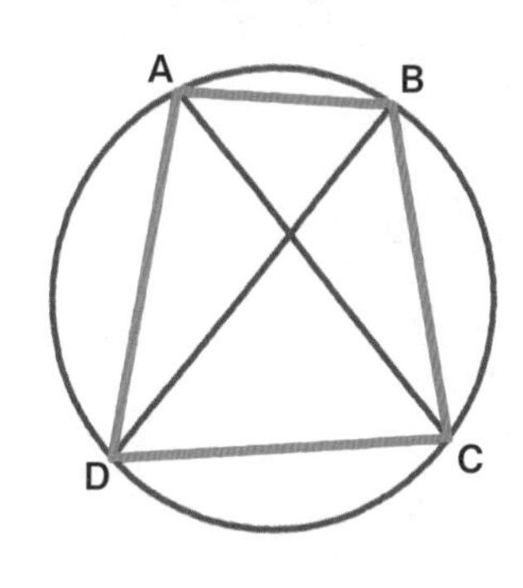

3「托勒密定理」

大致而言，是理解圆内接四边形性质的定理！

提出者 **喜帕恰斯**（古希腊数学家）

约公元前 1 世纪

在圆内接四边形中，$AB\times CD+AD\times BC=AC\times BD$成立。“托勒密”的读音来自英语。

4「梅涅劳斯定理」

大致而言，是理解三角形和直线构成线段比的定理！

提出者 **梅涅劳斯**（古希腊数学家）

约公元前 1 世纪

当一条直线和三角形ABC的AB、AC、BC或其延长线在D、E、F三点相交时，右侧的等式成立。

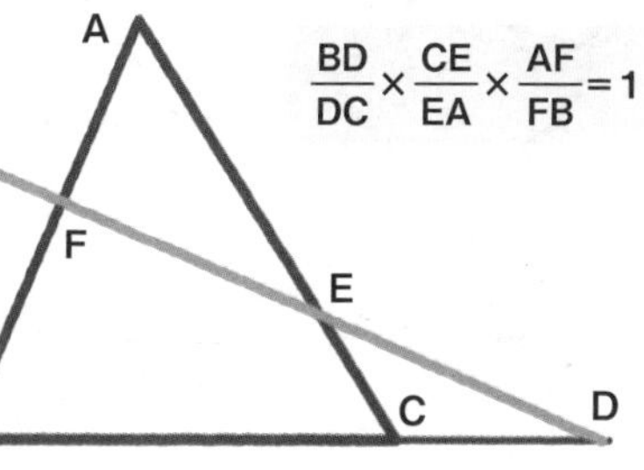

5「相交弦定理」

大致而言，**是理解圆周角和切线关系的定理！**

提出者 **欧几里得？**（古希腊数学家）

▶ 约公元前 3 世纪？

圆的切线AT和弦AB构成的∠BAT，与弦AB的圆周角∠ACB相等。∠BAT是锐角、直角和钝角时都成立。该定理在欧几里得的著作《几何原本》中有所记载。

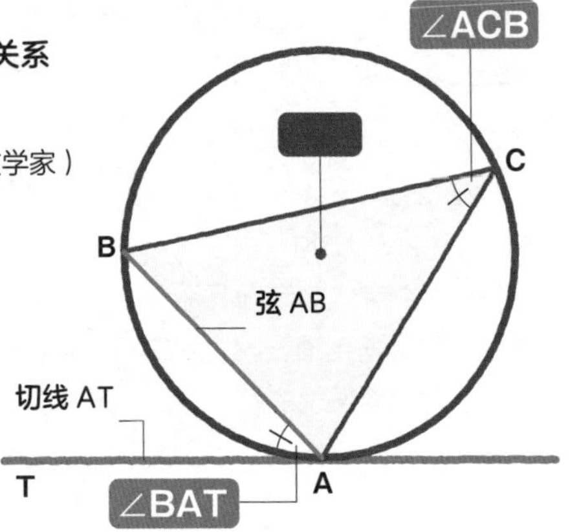

6「圆幂定理」

大致而言，**是理解圆和两条直线关系的定理！**

提出者 **欧几里得？**（古希腊数学家）

▶ 约公元前 3 世纪？

圆幂定理有3种类型，在欧几里得的《几何原本》中有记载。

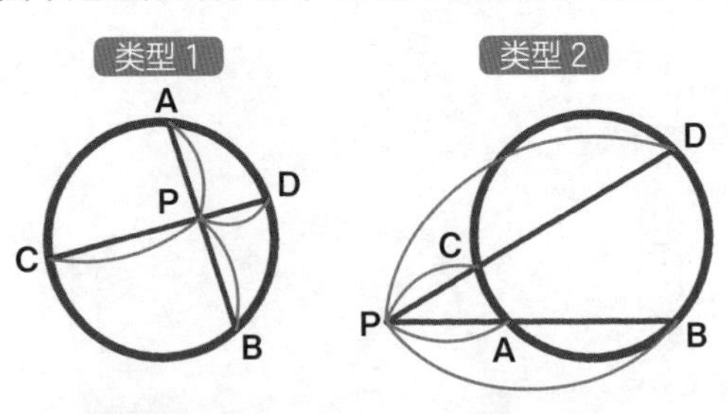

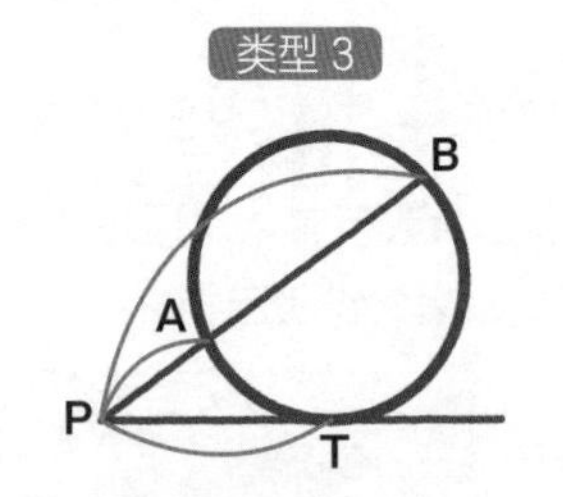

类型 1 中圆的2条弦AB、CD的交点是P，或者 类型 2 中AB、CD延长线的交点也是P，这时PA × PB = PC × PD成立。

从圆外一点P引圆的切线，和圆的切点是T；从P引圆的割线，与圆相交于A、B两点，这时 类型 3 中 PA × PB = PT^2 成立。

7「帕普斯定理」

大致而言，**是理解关于直线和交点性质的定理！**

提出者 **帕普斯**（古希腊数学家）

4 世纪前半期

A、B、C三点在同一条直线上，D、E、F三点在另一条直线上时，AE、BD的交点，BF、CE的交点，CD、AF的交点在同一条直线上。

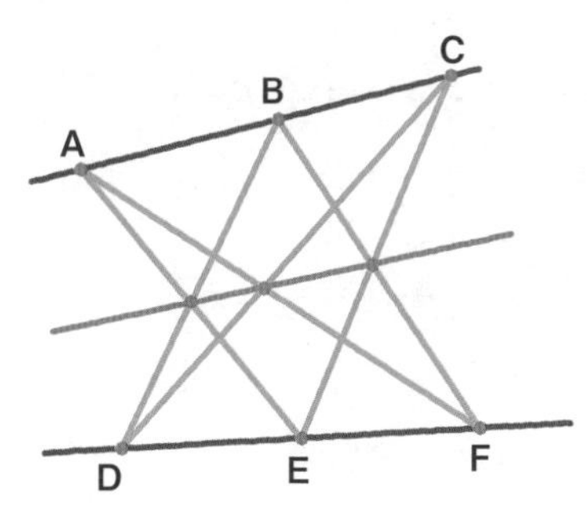

8「维维亚尼定理」

大致而言，**是理解等边三角形和垂线关系的定理！**

提出者 **维维亚尼**（意大利数学家）

1659 年

从等边三角形ABC内任意一点到三边的垂直距离之和（s+t+u）是不变的，等于三角形ABC的高。

9「切瓦定理」

大致而言，**是理解三角形共点线性质的定理！**

提出者 **切瓦**（意大利数学家）

1678 年

三角形ABC的BC、CA、AB上分别有D、E、F三点，AD、BE、CF与点O相交时，右边等式成立。

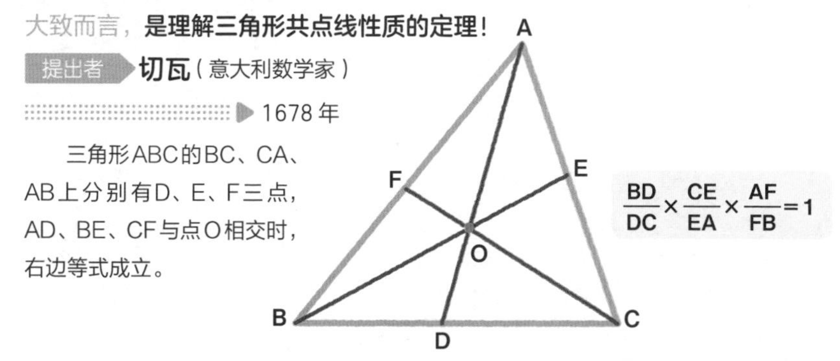

$$\frac{BD}{DC}\times\frac{CE}{EA}\times\frac{AF}{FB}=1$$

10「拿破仑定理」

大致而言，**是和三角形重心相关的定理！**

提出者 **拿破仑？**（法国皇帝）

▶ 约1800年

在三角形ABC的各边上向外各作等边三角形BCX、ACY、ABZ，把它们的重心（三角形三条中线的交点）L、M、N连起来也能形成一个等边三角形。据说这个定理是拿破仑发现的，但没有留下任何文献资料。

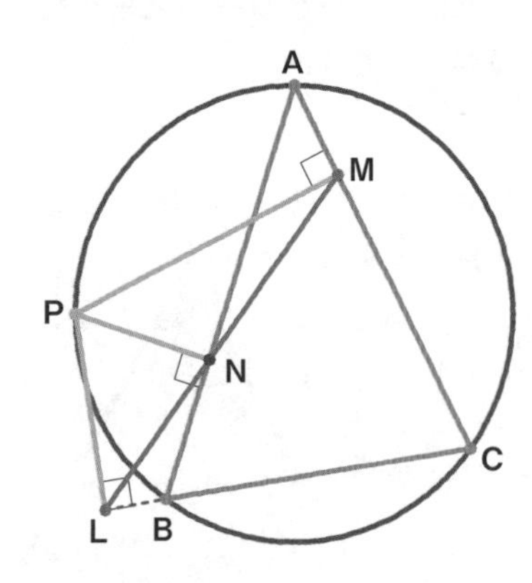

11「西姆森定理」

大致而言，**是关于三角形外接圆和垂线的定理！**

提出者 **威廉·华莱士**（英国数学家）

▶ 1797年？

从三角形ABC的外接圆上一点P向三边所在直线或其延长线上作垂线，那么三个垂足L、M、N在同一直线上。这条直线虽然称为西姆森线，但并不是西姆森发现的，而是英国数学家威廉·华莱士发现的。

12「和算的几何定理」

大致而言，**是理解圆内接多边形性质的定理！**

提出者 **藤田嘉言？**（日本数学家）

▶ 1807年？

日本数学中关于几何图形的研究十分发达，发现了许多定理。比如："在圆的内接多边形中，用经过任意1个顶点的弦分开的三角形内接圆的半径之和是不变的。"

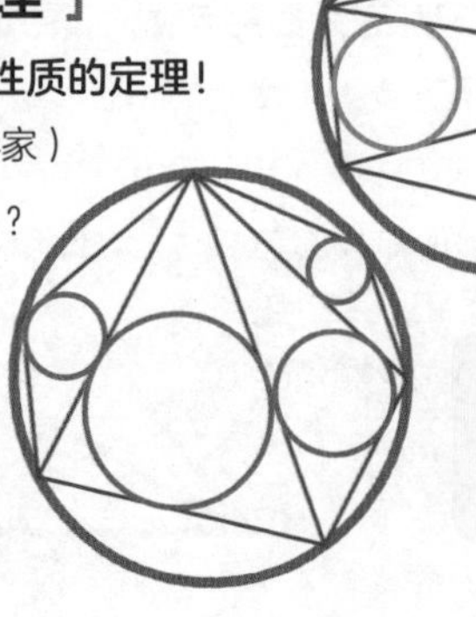

在这两个图形中，圆的半径之和相同。

13「霍迪奇定理」

大致而言，是理解封闭曲线性质的定理！

提出者 **霍迪奇**（英国数学家）

▶1858年？

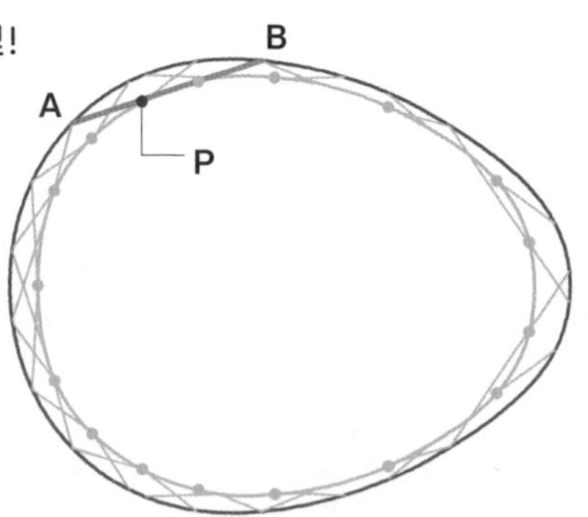

在封闭曲线（两端完全封闭的曲线）中，有一条固定长度的弦AB，使其两端在曲线内滑动一周，AB上某点P的轨迹会形成另外一条新的封闭曲线。

14「莫利定理」

大致而言，是关于三角形内角的定理！

提出者 **法兰克·莫雷**（美国数学家）

▶1899年

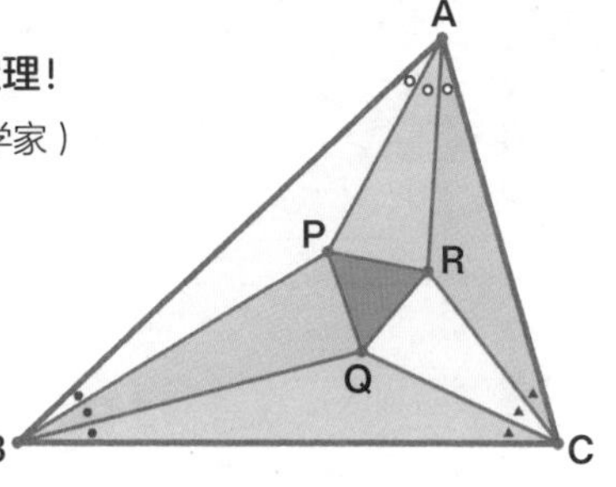

无论是什么样的三角形，将它的三个内角三等分。假定相交的三点为P、Q、R，三角形PQR可以构成一个正三角形。

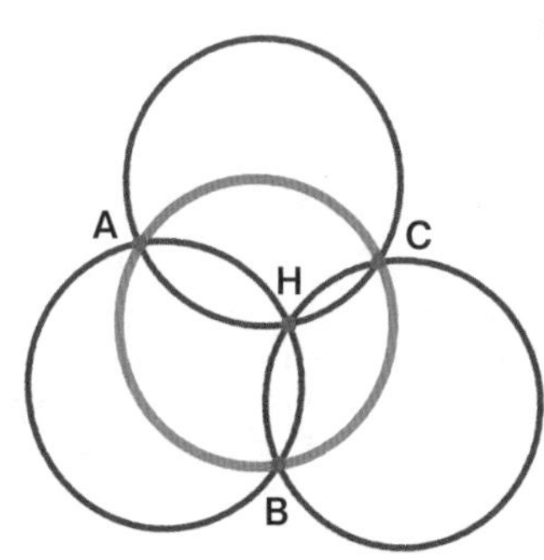

15「强森定理」

大致而言，是关于圆和圆交点的定理！

提出者 **罗杰·约翰逊**（美国数学家）

▶1916年

如果三个等圆在同一点H相交，假定两个圆相交H点之外的交点分别是A、B、C，那么A、B、C三点位于第四个等圆上。

索 引

参考文献

《数学的历史》加藤文元著（中公新书）
《视觉数学全史》维克沃·克利福德著（岩波书店）
《数学智力大图鉴Ⅰ 从古代到 19 世纪》莫斯科维奇著（化学同人）
《数学智力大图鉴Ⅱ 从 20 世纪到现代》莫斯科维奇著（化学同人）
《掌握思考力！大图鉴帮你搞定数学》樱井进主编（枣社）
《增补改订版 数学有趣大事典 IQ》秋山久义、清水龙之介等主编（学研）
《锻炼理科思维！牛顿光学——数学的世界（图形篇）》（牛顿出版）
《锻炼理科思维！牛顿光学——数学的世界（数的神秘篇）》（牛顿出版）
《锻炼理科思维！牛顿光学——数学的世界（数学教育篇）》（牛顿出版）
《锻炼理科思维！牛顿光学——概率基础》（牛顿出版）
《牛顿别册：牛顿的大发明——微分和积分》（牛顿出版）
《完全不懂的数式——教我微积分》卓美著（软根创造公司）
《高校数学的美丽物语》真尾著（软根创造公司）
《轻松学会！实用数学》松川文弥著（翔泳社）
《趣味图解数学定理》小宫山博仁监修（日本文艺社）

著作权合同登记：图字 01-2021-0049

Original Japanese title: ILLUST & ZUKAI CHISHIKI ZERO DEMO TANOSHIKU YOMERU! SUGAKU NO SHIKUMI

Original Japanese edition published by Seito-sha Co., Ltd.
Simplified Chinese translation rights arranged with Seito-sha Co., Ltd.
through The English Agency (Japan) Ltd. and Qiantaiyang Cultural Development (Beijing) Co., Ltd..

图书在版编目（CIP）数据

你想知道的数学 /（日）加藤文元主编；常晓宏译 . -- 北京：天天出版社，2022.4
（知识问不停）
ISBN 978-7-5016-1750-0

Ⅰ．①你… Ⅱ．①加… ②常… Ⅲ．①数学 - 儿童读物 Ⅳ．① O1-49

中国版本图书馆 CIP 数据核字 (2021) 第 191853 号

责任编辑：王晓锐　　**美术编辑：**林　蓓
责任印制：康远超　张　璞

出版发行：天天出版社有限责任公司
地址：北京市东城区东中街 42 号　　**邮编：**100027
市场部：010-64169902　　**传真：**010-64169902
网址：http://www.tiantianpublishing.com
邮箱：tiantiancbs@163.com

印刷：北京利丰雅高长城印刷有限公司　　**经销：**全国新华书店等
开本：880 × 1230 1/32　　**印张：**7
版次：2022 年 4 月北京第 1 版　　**印次：**2022 年 4 月第 1 次印刷
字数：163 千字　　**印数：**1-10,000 册

书号：978-7-5016-1750-0　　**定价：**40.00 元
